张毅 王莉莉 ◎ 主编　　邓政 何依航 刘小洋 ◎ 副主编

建筑手绘快速表现技法
线稿＋上色

U0277464

人民邮电出版社

北 京

图书在版编目（CIP）数据

建筑手绘快速表现技法 ：线稿+上色 / 张毅，王莉
莉主编. -- 北京 ：人民邮电出版社，2016.8（2023.8重印）
ISBN 978-7-115-42506-5

Ⅰ．①建… Ⅱ．①张… ②王… Ⅲ．①建筑画—绘画
技法 Ⅳ．①TU204

中国版本图书馆CIP数据核字(2016)第110181号

内 容 提 要

　　本书是一本由一线培训讲师和考研辅导老师共同撰写的建筑设计手绘技法的图书，通篇融汇了作者多年 实际教学经验和应试心得。

　　本书从握笔画简单线条开始，通过大量案例讲解建筑设计效果图的绘画技法及规划设计的细节，内容包 括线条、体块、光影的画法，构图透视的方法，人物、植物、天空、石头、水体、汽车等配景的画法，平面拉伸空 间、鸟瞰等建筑空间的画法，马克笔上色技法、马克笔体块光影的应用、马克笔对材质的表现、马克笔与彩铅 混合表现技法、马克笔不同色系的空间上色技法、平立面、分析图表现技法以及快题方案表现技法和规划设计 表现技法。

　　本书内容全面、紧凑，用最高效的方法教会读者手绘技法，并使读者具备一定的应试水平。

　　本书适合建筑专业学生阅读，也可作为相关培训班的教材。

　　◆ 主　　编　张　毅　王莉莉
　　　副 主 编　邓　政　何依航　刘小洋
　　　责任编辑　邹文波
　　　责任印制　沈　蓉　彭志环
　　◆ 人民邮电出版社出版发行　　北京市丰台区成寿寺路 11 号
　　　邮编　100164　 电子邮件　315@ptpress.com.cn
　　　网址　http://www.ptpress.com.cn
　　　北京九州迅驰传媒文化有限公司印刷
　　◆ 开本：787×1092　1/16
　　　印张：13.75　　　　　　　　 2016 年 8 月第 1 版
　　　字数：420 千字　　　　　　 2023 年 8 月北京第 5 次印刷

定价：59.80 元
读者服务热线：(010)81055256　印装质量热线：(010)81055316
反盗版热线：(010)81055315

序

作为设计师，尤其是建筑设计师，设计与表现之间的完美平衡，是他们孜孜以求的。设计从来都不是单一的构想、规划和验算，在设计真正能展现之前，它还需要有足够的实体表现，这就是建筑设计师们的必修课——图样绘制。

设计图样，是一个设计灵魂的寄放所在。设计师们在夜以继日地辛苦工作之后，得到的不过是几张薄薄的图纸。设计需要表达，除去空泛的数据和文字介绍以外，图样才是设计灵魂的展现。心血归于精准的线条，构想托付于标致的形体，奇思隐藏于屋檐片瓦，把构想设计绘成了图画，设计有了艺术的表达，这才是一个完整的设计。

如此，设计师们往往又是绘图大师，绘图便成了他们设计表达的方式之一。一个不会绘制图样的设计师，即使有再合理再奇妙的构想，也只能溺死于不能言语的空间。因此，我们要重视设计绘图。

设计绘图现今有两种表达方式，一种是计算机绘图，另一种是手绘。其实，计算机不过是设计师的辅助工具，或者是为了达到必要的精准细密才使用；而设计师们真正青睐的，是手绘。笔随心走，只有在手握画笔的那一瞬间，才能找到灵感的源泉，找到设计师们心里那种如水横流般畅快的表达。

设计构想和灵感都是虚无缥缈的东西，初步形成时，只是一种美妙的感觉，是一瞬而过的画面。当设计师们捕捉到这种构想和灵感时，就需要拿起手中的画笔来表达这种感觉。于是，手绘也是对设计的一种尝试、探索和创新，直至达到设计师们心中最满意的效果。

从事手绘教育和设计的张毅老师（本书作者），有着多年的工作经验，他所创办的 ING 手绘培训是我见过的最具特色、最具创新也最有意义的培训学校之一。张老师是一位具有实干精神的才俊，在对学生们的手绘教导中，他常说："手绘，手绘，动手就会。"他认为，手绘是连接设计构想的阀门，是触及设计灵感的工具，想要使手绘和你的思想牵上线，那么你首先要认识你手里握的是什么，要对它有足够的了解，要利用它并掌握足够的技巧。就像汉字的书法，你首先要握正你的笔，学会横竖钩撇捺，才能在书写里找到自己想表达的意蕴。我们的手绘，亦是如此。

本书将手绘知识的基础、要点一一列出讲解，重点部分做了详细的步骤分析，再融入作者在 ING 手绘培训的实际教学经验，以及一些创造性的教学方法，给广大读者一个清晰的手绘学习脉络，是不可多得的手绘学习书籍。

如果说手绘是为了知晓设计的本源、明白设计的精髓，那么就让我们跟随作者的引导，一起去找到它。

ING 手绘　龙工（龙开林）

前言

要呈现建筑设计的构思与创意，最基础、最重要的表达方法之一就是手绘，手绘是建筑设计从业者必须具备的专业技能之一。

本书特色

完善的知识体系 围绕如何有效率地实现建筑规划设计效果的目标，从坐姿、握笔开始讲起，循序渐进地讲解建筑/规划设计效果图的绘制方法与技巧，从线稿到上色，从透视到光影，从体块到复杂建筑的表现，从建筑空间到平立面的表现，为读者提供严谨的技法知识与高效的绘画技巧。

典型的实景案例 案例多从实景建筑物分析开始，逐步进行建筑体块分析、线稿分析、上色分析，并讲解详细的绘制步骤，帮助读者把所学知识点串联起来，提高综合运用的能力。

直观的教学视频 本书附赠教学视频，由撰写本书的一线讲师亲自讲解并演示，涵盖了线稿、上色和规划设计的典型案例。下载地址：http://pan.baidu.com/s/1dFa7oyd。

便捷的视频补充 书中在关键知识点处加入了相关视频教程，扫描二维码链接到视频，即可轻松观看，不限空间和设备，为读者学习本书提供便捷、有力的辅助。

案例视频（共360 分钟）	
01- 线稿建筑的画法A	08- 建筑空间上色技法——冷色系上色B
02- 线稿建筑的画法B	09- 整体空间上色技法
03- 复杂鸟瞰图的画法A	10- 建筑总平面上色技法
04- 复杂鸟瞰图的画法B	11- 建筑立面上色技法
05- 建筑空间上色技法——暖色系上色A	12- 规划上色技法
06- 建筑空间上色技法——暖色系上色B	13- 规划鸟瞰上色技法A
07- 建筑空间上色技法——冷色系上色A	A 14- 规划鸟瞰上色技法B

技术视频目录（文中二维码，共220 分钟）	
01- 线条基本画法	08- 马克笔上色易出现的错误及上色原则
02- 多体块临摹	09- 体块上色
03- 体块投影	10- 木材的画法
04- 人与建筑的参照	11- 水的画法
05- 树的画法	12- 天空的画法
06- 汽车的画法	13- 快题字的写法
07- 平面拉伸	14- 植物上色

技术支持

读者如果在学习过程中遇到问题，可以通过我们的立体化服务平台（微信公众号：ING 手绘）联系，我们会尽量帮助读者解答问题。此外，在这个平台上我们还会分享更多的相关资源。微信扫描二维码就可以查看相关内容。

微信公众号：ING手绘

编者
2016年8月

目录

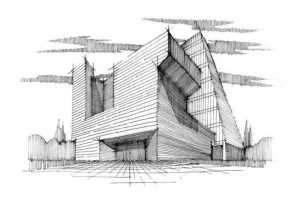

第 06 章　建筑空间上色技法

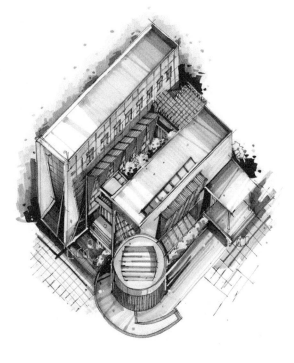

第 07 章　平立面、分析图表现技法

第 08 章　快题方案表现技法

第 09 章　规划鸟瞰图表现技法

第 10 章　作品欣赏

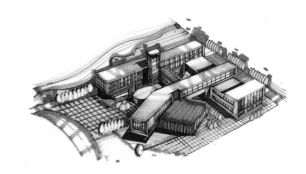

第 01 章

手绘基础

● 1.1 绘画工具
● 1.2 线条
● 1.3 体块
● 1.4 光影
● 1.5 临摹

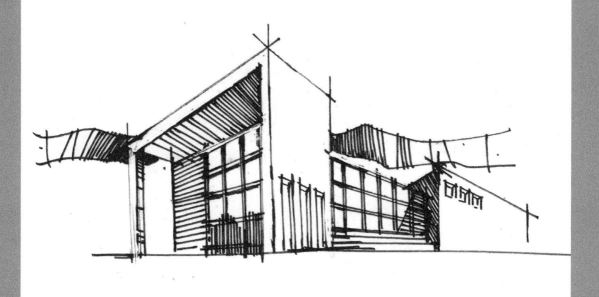

1.1　绘画工具

"工欲善其事必先利其器。"绘画时,工具的选取特别重要,它们的好坏直接影响绘画者的心情和画面的表现。工具的选取不在于贵贱,在于适合自己。另外就是调节好心情和调整好周边的环境,情绪不要被周围的环境所影响。

铅笔

选择上以自动铅笔为佳,0.5mm的铅芯。如果采用木质铅笔,硬度2B最好,太硬容易弄在纸面留下划痕,太软在擦除铅笔稿时容易弄脏画面,建议采用红环或者辉柏嘉这两个品牌的自动彩铅。

针管笔

针管笔是我们画工程制图时常用的绘图工具,在画手绘时很少使用。笔头宽度在0.2~0.3mm即可,三菱或樱花牌较为普遍。

会议笔

会议笔因其价格低廉、性价比高而得到广泛使用,适合初学者。新笔在使用一段时间后才能磨合出最佳状态。建议使用晨光会议笔,切勿用圆珠笔或油笔替代会议笔。

纤维笔

对纤维笔,不同的握笔方式能画出不同粗细的线条,握笔力度不能太重,使用一段时间后笔头会磨损变粗。建议使用晨奇纤维笔,因为在马克笔上色时用它画出的线稿不会渗色。

钢笔

钢笔的品牌众多,价格不等,常见品牌有凌美(F)、红环、百乐、英雄等。挑选时应选择笔尖精致而柔韧,在纸面任何方向运动都不会产生断墨现象的钢笔。

马克笔

马克笔的品牌众多,上色时应根据画面风格及特点搭配不同颜色或者品牌。常见品牌有TOUCH 5代、法卡勒、凡迪等。建议初学者采用TOUCH 5代、凡迪。

彩色铅笔

彩色铅笔只是在手绘过程中起辅助的作用,故不建议选用整套彩色铅笔,根据画面、个人喜好及画面风格搭配几支即可。建议采用辉柏嘉彩色铅笔。

高光笔

高光笔容量大,亮度高,稠度密。在使用高光笔时应尽量配合尺子使用。建议选用三菱牌高光笔。

纸胶带

纸胶带是在用马克笔上色需要严格对齐色块边缘时使用的。使用前应降低纸胶带黏性,避免揭除时撕坏纸面。

草图纸（速写纸）

草图纸使用率较高，线条画在此纸上会变粗，变得好看，建议初学者在此纸上画线稿。草图纸的颜色较灰，上色效果欠佳。

A3速写板

A3速写板是必备的用具，板斜靠在桌面上，板要与眼睛成90°角，避免产生视角误差。

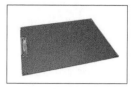

复印纸（70g）

一般70g的A3复印纸即可，纸面略显粗糙，颜色不够纯白，马克笔上色时容易渗水，多用于线稿练习。

进口复印纸（80g）

Double A 80g的A3复印纸，纸面光滑洁白，常用于马克笔上色，但不易买到。

绘画姿势

很多学生在开始绘画时，经常因以前的坐姿不正确而出现问题，好的坐姿习惯可以让我们少走很多弯路。下面就介绍正确的绘画姿势。

◀保持上身笔挺，切勿驼背及离纸面过近，否则易产生透视变形。眼睛与纸面成90°

◀如果背部弯曲，那么A3速写板要斜靠在桌面上，使其与视线成90°的夹角

握笔姿势

握笔时尽量不要靠前，握住笔的中段，使笔和纸面成一定的斜角，切勿垂直，否则会遮挡住视线。

提示

不管采用什么方式画图，要保证眼睛与纸面是垂直的，不然会产生视觉误差。

1.2　线条

　　线条是手绘中最基本的构成元素,绘制线条的熟练程度决定了整张图的效果,同时又不能把线条看得太重要,在透视、构图、比例各方面成熟的基础上,好的线条可以锦上添花。线条需要长时间的练习才能出效果。

1.2.1 错误线条

技法视频:线条基本画法
使用说明:移动终端(手机、平板电脑)

用户可扫描二维码观看课程视频

　　初学者在线条练习的过程中,因为个人习惯会产生一些错误的画法。下面几点是初学者易犯的错误。

01 飘线:有头无尾,不肯定,在画面中是不允许出现的。

02 实线:运笔慢而匀速,线条没有变化,粗细一样。

03 回线:运笔快结束时回了一点,显得犹豫不决。

04 断线:不自信,一段线条由若干短线段组成,既不连贯又烦琐。

05 重复线:由于一条线画错了,再重复画的线。一般不要超过两条,不然感觉像描边一样。

06 交接线:出现在结构交接的地方。第一种是刚刚交接上,这种画法显得匠气;第二种明显没有交接上,造成结构模糊。

07 循环线:画地面、水面投影时经常会出现这种错误。这种线会造成画面下坠,同时画面还有伸缩不稳定性。

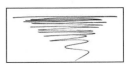

08 网格线:在空间排线中尽量不要用这种排线方式,会造成空间混乱的感觉。

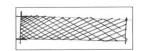

09 排线方式:体块排线一定要头尾与结构线对齐,不然会给人感觉画面中有很多的废线,同时还感觉画面乱,更不能使用排线及循环线,如果想让体块有变化,那么排线也要有变化。

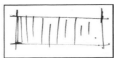

提示
线条不是画面中最重要的,它必须依附透视、构图等因素才能体现它的作用。线条需要长时间的训练方能有大的进步。

1.2.2 握笔运笔

下面介绍画线条时握笔、运笔要注意的问题。

01 手指关节、手腕不允许动，线条是通过手臂的整体运动而产生的。

● 运笔支撑点　→　运笔方向　- - - -　手臂联动

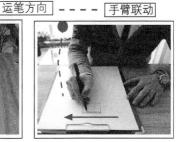

02 手侧面不能悬空，要与纸面接触。

◀画图时手千万不能离开纸面，否则易造成重心不稳，线条不肯定。

▲正确姿势　　　　　　▲错误姿势

1.2.3 线条分类

线条分为快线、慢线两种，不同的线条画出的感觉完全不一样，它们有各自的特点。快线常用于建筑、规划、室内专业；慢线常用于建筑、规划、景观专业。快线具有冲击力，感觉硬朗，图面风格笔挺具有张力。此外快线对透视的要求会高一些，需要长时间的练习。画快线起笔时要放松肯定，下笔前要考虑线条的透视、角度、长度，在起笔时会通过回笔来寻找透视角度。仔细观察可知快线就如同射箭，遇到长线时可分段画或借助尺规。画线时尽量使手臂所在直线与画线方向成90°夹角。

轻

重　　　　快线　　　　重　　　　　　　慢线

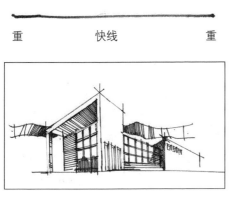
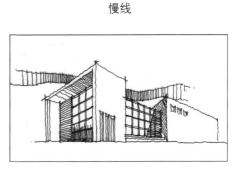

▲快线　　　　　　　　▲慢线

1.2.4 线条讲解

直线

直线是最常用的一种线，在平面图、立面图、剖面图和一点透视图中运用较多。画直线时力度要均匀分配到整个手臂，运动整个手臂，向右拖动。

竖线

竖线是较难的一种线，在平面图、立面图、剖面图和两点透视图中运用较多，尤在建筑、规划中最常用。画竖线时力度要均匀分配到整个手臂，运动整个手臂，向下拖动。重点在加大手与纸之间的摩擦。

 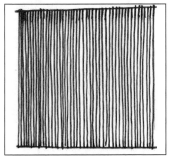

斜上线

斜上线是透视图中常用的线。画线条时要手臂带动手腕整体运动，以免画成弧线。

 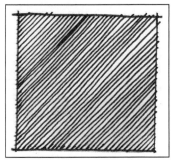

斜下线

斜下线是透视图中常用的线。运笔时要手臂带动手腕整体往右下方向运动，光手腕活动是错误的。

 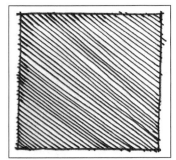

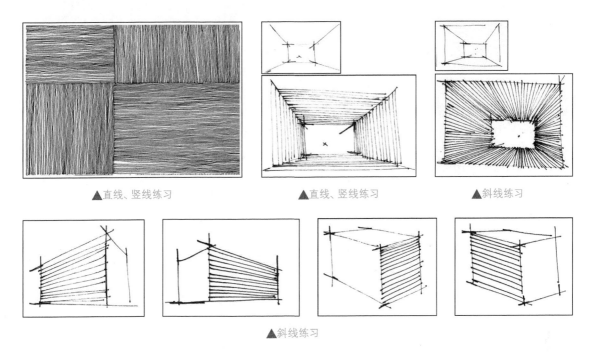

▲直线、竖线练习　　　　▲直线、竖线练习　　　　▲斜线练习

▲斜线练习

弧线　　弧线分为扁弧线、正圆弧线两种。虽然它在空间中用得不多，但最容易发生错误。

扁弧线　　扁弧线常用于地面及一些植物的画法上，从一点开始循环绕线，上下线之间的距离一定要近。

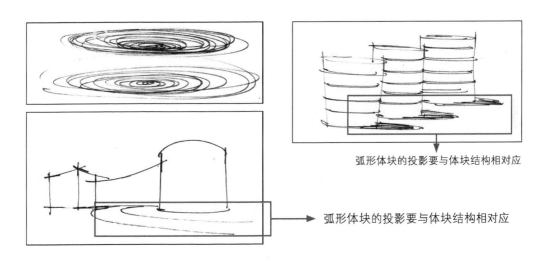

弧形体块的投影要与体块结构相对应

弧形体块的投影要与体块结构相对应

正圆弧线　　正圆弧线常用于平面图和平面中的植物。

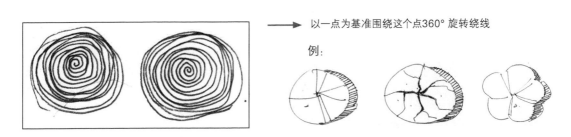

以一点为基准围绕这个点360°旋转绕线

例:

植物线

　　植物线是所有线条中最难的一种，分为"几"字形、"W"形、"M"形。绕线时要有变化，要刚柔并济。

"几"字形

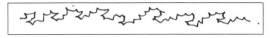

▲基本形体

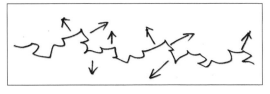

▲不规则变化

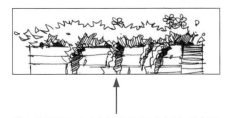

灌木的形体及明暗交界线用"几"字形，暗部用弧线来体现它的体块感

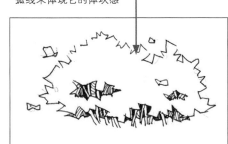

▲运线走势

"W"形

▲基本形体

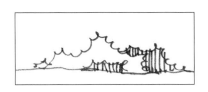

绕线有变化，局部夸张

▲变化线形

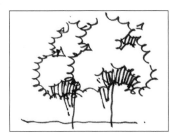

▲ "W"形应用范例

"M"形

▲基本形体

▲变化线形

▶ "几"字形、"W"形、"M"形三种植物绕线的方式
经常在一个物体中互相转换,让物体更有变化

1.3 体块

体块是透视的基础,也是画一切物体的根本。体块若出现透视、结构、比例问题,就不可能画出好的效果。体块是练习空间想象能力最好的方法,画时要注意体块的穿插、遮挡、结构等。

1.3.1 易犯错误

易出现的错误有:透视不正确、体块变形、结构不明确、比例失调等。

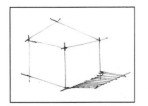 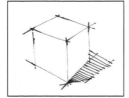 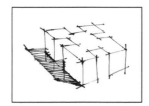 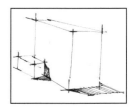

1.3.2 单体透视　一点体块透视

01 根据透视画出一方形体块平面透视。

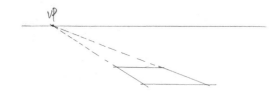

02 根据方形体块平面透视切割出本来的平面图。

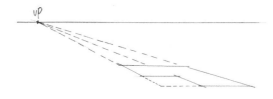

03 根据切割出的透视平面图,向下拉伸出高度,再与灭点相连。

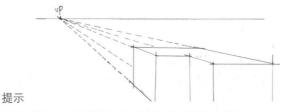

提示

所有不规则平面图均按照方形来处理,再进行切割。

视点

体块透视拉伸原则:

1 根据平面图选择表现面;

2 使平面图发生透视变化;

3 根据发生的透视变化再拉伸。

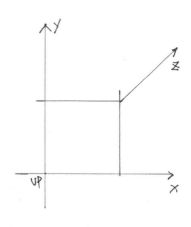

▲一点透视体块,*X*、*Y* 轴向上所有的线均平行,*Z* 轴向上的线都相交于 *VP* 点(灭点)

两点体块透视

01　根据透视画出一方形体块平面透视。所有的线分别与VP_1、VP_2相交。

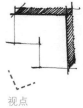
视点

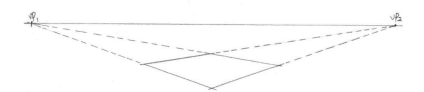

02　方形体块平面透视，切割出本来的平面图。

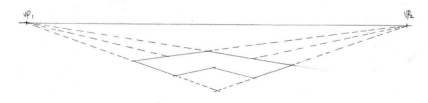

03　根据切割出的透视平面图，向下拉伸出高度，再与灭点相连。

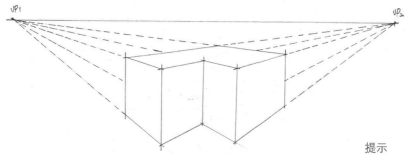

提示
两点透视中的灭点尽量远
点，体块就不会变形了。

1.3.3 组合透视

01　注意两个体块的比例关系。

视点

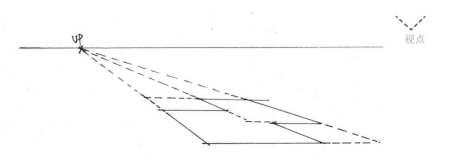

02 根据平面投影向上拉伸，不同高度的体块先定高的，再由高的体块来决定低的体块。

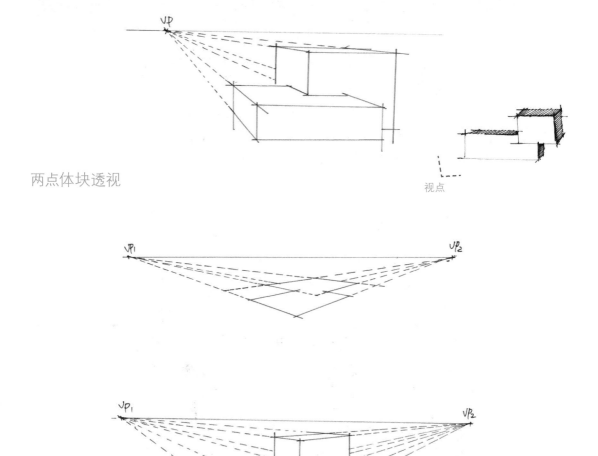

视点

两点体块透视

提示
组合体块透视要注意穿插、遮挡和结构。

狗透视

狗透视是建筑画中最常用的一种透视，简单理解就是视平线很低，画出的建筑张力感很强。

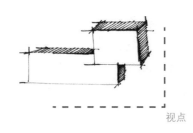

视点

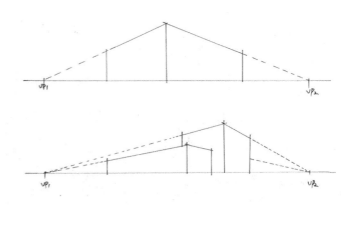

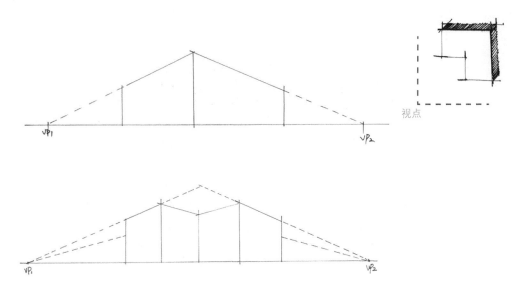

提示

狗透视要注意穿插、遮挡和结构。

体块透视练习

01 根据平面图练习。　　　　**02** 汉字练习。　　　　**03** 26个字母练习。

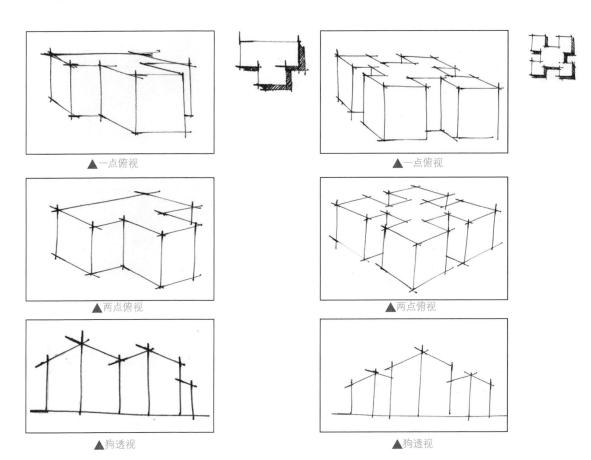

▲一点俯视　　　　　　　　　　▲一点俯视

▲两点俯视　　　　　　　　　　▲两点俯视

▲狗透视　　　　　　　　　　　▲狗透视

1.3.4 字体透视

字体透视是比较难掌握的，字本身的笔画难易程度就决定了透视的难度。要保证宁方勿圆。

01 先将字体根据透视画出一个方形平面投影。

02 划分字体结构，如"建"为左右结构、"筑"为上下、左右结构。要考虑近大远小的透视关系。

03 根据近大远小的透视关系勾勒出字发生透视变化后的形体。

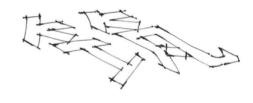

04 向下垂直拉伸确定一定的高度，根据透视及遮挡关系对体块进行组合。

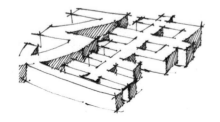

▼字体的透视要根据字体的结构来定，透视的烦琐
程度和方形地面投影大小有关。初学者练习时要从
易到难

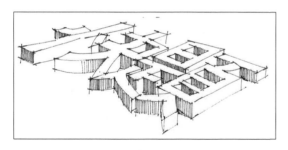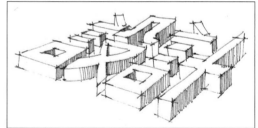

1.3.5 字母体块

在建筑和规划中常用的字母体块是：T、H、I、F、L、E、U。单个的字母就像是一栋单体建筑，一些字母的组合就像一组规划。所以建筑、规划专业的同学们应该加强字母体块的训练。

视点

▼两点鸟瞰图

高度不一的建筑体块，以一个体块长宽高为参照来画其他的体块。

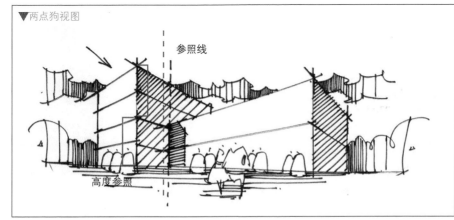

▼两点狗视图

参照线

高度参照

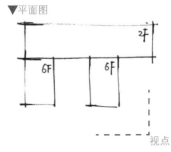

▼平面图

视点

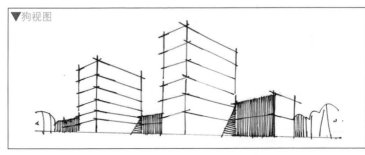

▼狗视图

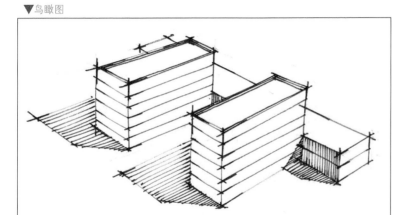

▼鸟瞰图

鸟瞰图都是先确定平面投影，这也叫定位，很关键，体块容易在这个地方出现问题。再者就是光影关系处理原则：以最小面为暗部。

1.3.6
组合体块

技法视频：多体块临摹
使用说明：移动终端（手机、平板电脑）
用户可扫描二维码观看课程视频

组合体块重点在遮挡和穿插。

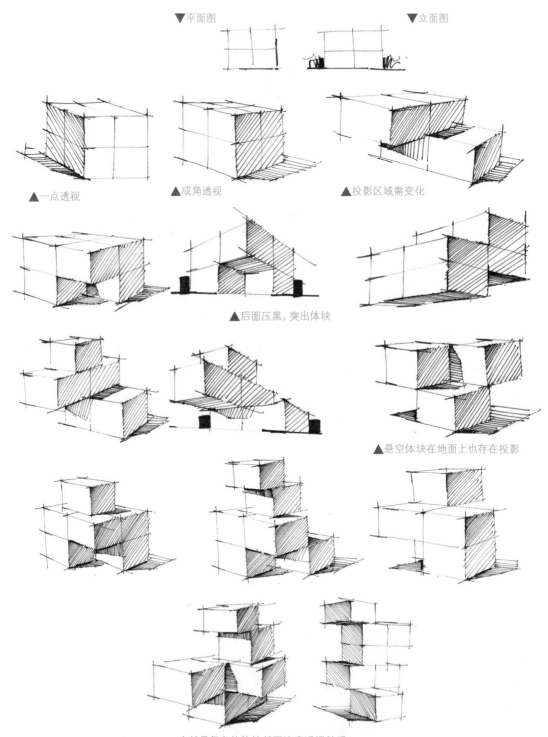

▼平面图 ▼立面图

▲一点透视 ▲成角透视 ▲投影区域需变化

▲后面压黑，突出体块

▲悬空体块在地面上也存在投影

▲越是复杂的体块越要注意透视关系

在规划中经常会画到多个体块组合,不管是规则的、不规则的体块都按照方形来处理,再进行细节变化。需要注意的是在发生透视变化以后,远、近体块的比例容易失调。

▼平面图
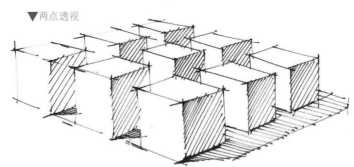

▼一点透视
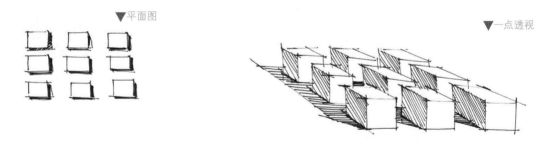

▼两点透视
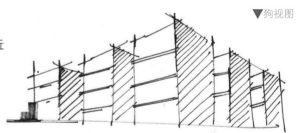

两点透视的鸟瞰图离观看者最近的两条地面线的夹角一定不能太大,否则容易造成视平线太低,鸟瞰的视角线稿画不好。

狗视图我们是把能看到的两个面,根据平面图按近大远小的关系分割成相应的体块。

▼狗视图

组合体块中不连续的部分,通过前、后体块的地面线来连接,使前、后的体块在透视上不会出现问题。

▼两点透视
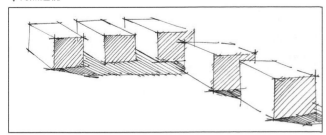

对于初学者来说,透视体块的练习是我们掌握透视、比例关系等的最好方法。

▼两点透视
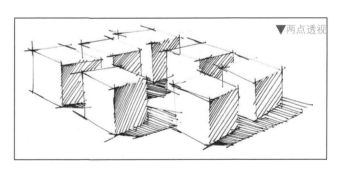

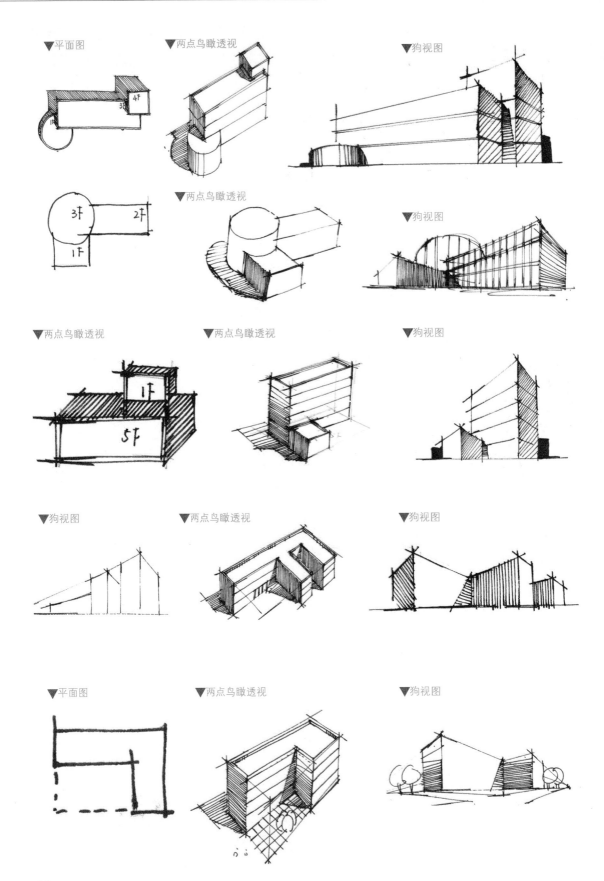

▼平面图

▼两点鸟瞰透视

▼狗视图

▼两点鸟瞰透视

▼狗视图

▼两点鸟瞰透视

▼两点鸟瞰透视

▼狗视图

▼狗视图

▼两点鸟瞰透视

▼狗视图

▼平面图

▼两点鸟瞰透视

▼狗视图

体块、光影练习

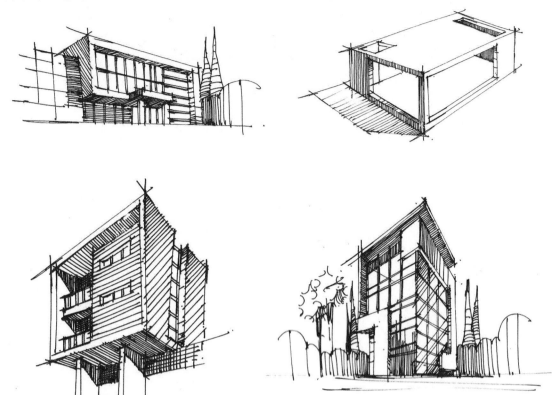

1.4 光影

光影关系即素描关系或者明暗关系，是体现空间层次感重要的表现手法。明白了素描中的三大面（亮面、灰面、暗面），五大调（高光、亮灰、明暗交界线、暗灰、反光），主体感就容易表现了。在手绘表现中我们不会画得这么详细，不过必须要有素描关系的概念。特别是一些需要上色的线稿，一般灰部不排线，就用马克笔来体现。

体块光影分为四部分：
01 亮部
02 灰部
03 暗部
04 投影

1.4.1 暗部光影

画体块一般都要自定光源，不考虑环境光的影响。为增强画面感及明确结构，亮部、灰部不排线，由暗部、投影的排线来呈现光影关系。下面向大家介绍三种暗部排线处理方式。

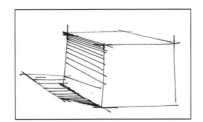
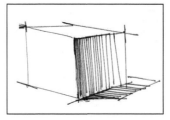
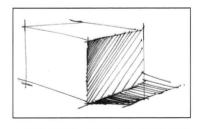

▲顺透视方向：常用；严格按照透视的变化，光影的疏密受环境光的影响

▲顺体块结构：一般不用；竖线表示，容易和结构线混淆，经常会出现特别长的线条

▲斜线：最常用；线条有变化，不受透视的影响，同时排线的疏密增强了明暗对比

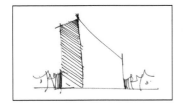
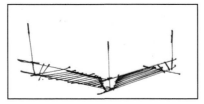

提示

暗部排线处理，按照最短距离的原则，同时排线需要渐变。而且在同一空间，地面投影的排线尽量朝同一方向。

1.4.2 地面投影

地面投影是光照射物体时因光线被阻挡而在地面上产生的光影区域。它在画面中是最重的部分，让物体有落在地上的感觉。投影的渐变关系，也用来体现进深感。手绘在画地面投影时不像几何画法那样严格，只要把光影的来源交代清楚即可。下面向大家介绍三种地面投影排线处理方式。

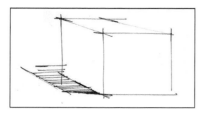

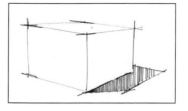

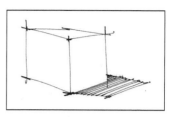

▲顺透视方向：常用；因其符合光影变化
的原则，且投影的排线是最短的

▲垂直：一般在室内场景中使用；表
现比较光滑的地面，建筑中一般不用

▲顺体块结构：一般不用；因其不符
合光影变化的原则，且投影的排线
又是最长的

1.4.3 单体块投影

单体块投影因受到透视角度、光影的影响会产生不同的投影方式。

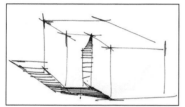

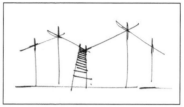

◀突出结构转折
点及前后关系，
投影一定要划定
区域

◀亮部区域很大，
用这种方式可使对
比感强一些

1.4.4 组合体块投影

组合体块投影因受到透视角度、光影的影响会产生不同的投影方式。

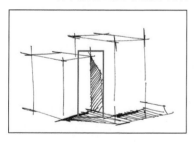

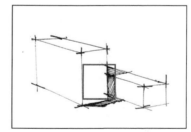

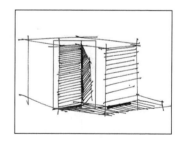

▲红色区域就是投影，排线要密，使它成为画面中较重区域。一定要给它划定区域范围

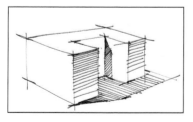

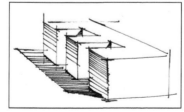

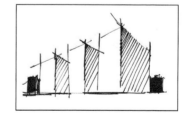

▲暗部区域较小，一般会对暗部进行留白处理，以加强对比

暗部特殊处理

暗部留白的方式在手绘表现的过
程中经常使用，尤其是在暗部过于集
中、分不清结构的情况下。

体块空间关系处理

在体块空间关系的处理上要注意虚实处理，近实远虚。

提示

暗部、投影等关系的处理不是绝对的，可随画面的需要进行调整。

21

1.4.5
不规则体块投影

不规则体块投影受到透视角度、光影的影响会产生不同的投影方式。

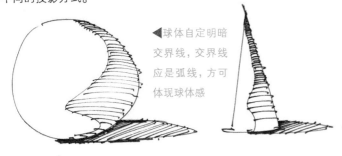

◀球体自定明暗交界线，交界线应是弧线，方可体现球体感

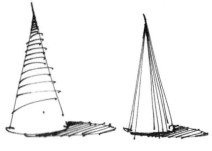

▲锥体明暗关系分三类：自定明暗交界线、圆弧形、线形

▲地面投影是在与体块接触的地方开始由密到疏

▲地面投影是在与体块接触的地方开始由密到疏

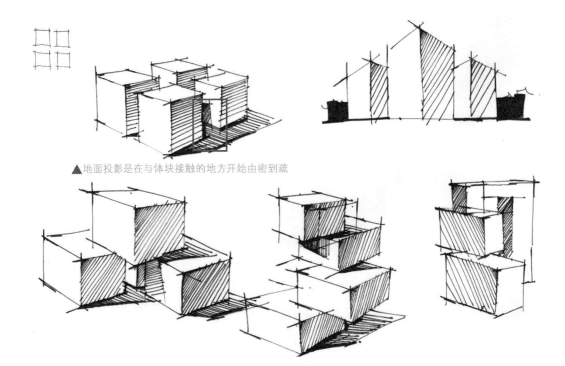

1.5　临摹

临摹作品首先要观察、分析作品的透视、主次、比例和构图等要素，在保证形体、透视等没有大的问题的情况下，再进行细部的刻画。

很多初学者在临摹别人的作品时，经常会出现图的大小、结构不清等问题，一味去临摹别人的线条及形体表现，而忽略了作者是经历了长时间的训练及对画面的理解来进行画面处理的。切记在临摹别人的作品时，只是对建筑的比例和结构进行临摹，具体的线条、光影关系应根据自己对画面的理解进行刻画。

临摹、写生、速写、效果图三步骤：整体—结构—光影

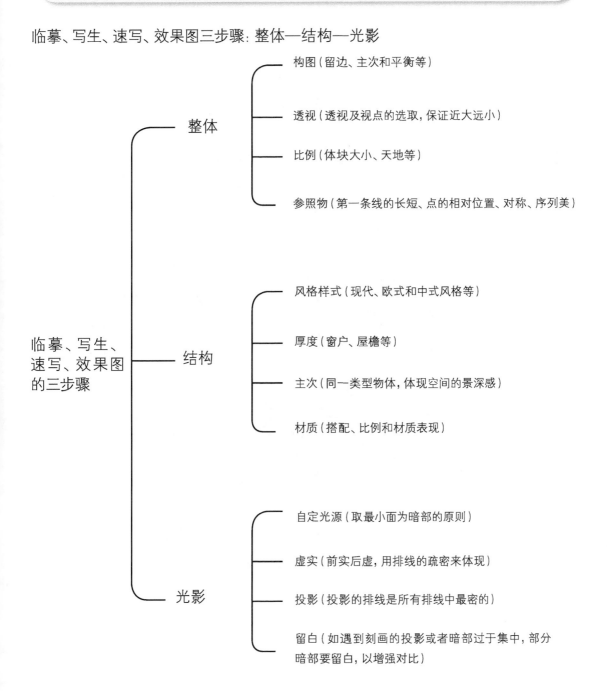

临摹、写生、速写、效果图的三步骤

整体
- 构图（留边、主次和平衡等）
- 透视（透视及视点的选取，保证近大远小）
- 比例（体块大小、天地等）
- 参照物（第一条线的长短、点的相对位置、对称、序列美）

结构
- 风格样式（现代、欧式和中式风格等）
- 厚度（窗户、屋檐等）
- 主次（同一类型物体，体现空间的景深感）
- 材质（搭配、比例和材质表现）

光影
- 自定光源（取最小面为暗部的原则）
- 虚实（前实后虚，用排线的疏密来体现）
- 投影（投影的排线是所有排线中最密的）
- 留白（如遇到刻画的投影或者暗部过于集中，部分暗部要留白，以增强对比）

1.5.1
作品分析

　　这张作品是欧式建筑，典型的一点透视，画面中间区域就是这张图的主要表现区域。相当于中间体块是一个建筑的立面，两侧的体块是根据一点透视进行透视变化的。

1. 地面相对比较单一，添加投影使体块与地面有联系，同时还丰富了地面。

2. 两边的建筑体块高度与中间建筑体块的高度不一，体现了建筑体块的高度，还丰富了建筑的天际线。

3. 中间建筑体块屋顶与墙面形成很大的反差，对比很强。

▼天际线

———— 天际线

提示

在临摹别人的作品时，我们只是临摹作品的外形，具体的光影处理、排线、细节处理可以根据画面的需要自行调整。

1.5.2 步骤图

01 对整体进行勾勒。

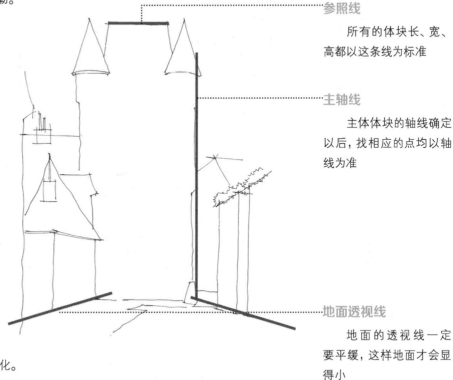

参照线

所有的体块长、宽、高都以这条线为标准

主轴线

主体体块的轴线确定以后，找相应的点均以轴线为准

地面透视线

地面的透视线一定要平缓，这样地面才会显得小

02 对结构进行细化。

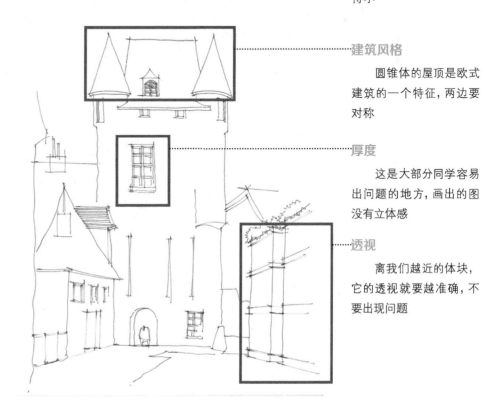

建筑风格

圆锥体的屋顶是欧式建筑的一个特征，两边要对称

厚度

这是大部分同学容易出问题的地方，画出的图没有立体感

透视

离我们越近的体块，它的透视就要越准确，不要出现问题

03 对建筑进行光影处理。在一张图中光影方向只能有一个。

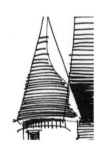

▲圆锥体的暗部要根
据体块的结构排线

▲圆锥体的投影划定
为椭圆形区域

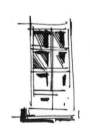

▲窗户、窗沿等需要
厚度的表达

◀为了加强对比，地面通过排线进
行处理，同时该区域又是投影区域

▶屋檐要有厚度，屋檐下的投影
要划定区域

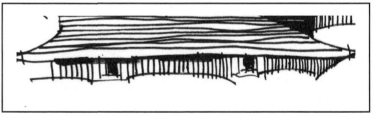

1.6　本章练习

下面我们把学到的知识结合起来运用在下面的练习中，根据平面图，勾勒出这幅小景的线稿效果图，注意环境配景要表现出层次感。

原图分析

这是一张徽派建筑，作者通过黑白灰处理来凸显建筑的特征，徽派建筑的马头墙是刻画的重点。

整体分析

典型的一点透视，地面的处理决定了建筑径深，马头墙的结构较为复杂，其比例较小，刻画难度较大。

结构分析

马头墙的结构随着前后关系的虚实变化，场景中最前面的植物线条根据光影要有变化。

光影分析

暗部尽量放在有落差的区域来突出前后关系。地面压黑可以使建筑较为沉稳。

第 02 章

构图透视方法

- 2.1 构图
- 2.2 透视

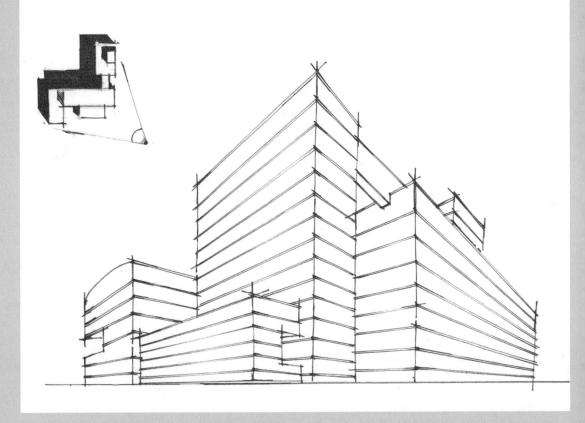

2.1 构图

在建筑效果图中构图是非常重要的。构图要坚持多样性与统一性的法则，也就是要掌握对比和均衡。均衡与对称具有内在的同一性——稳定。稳定是长期观察自然中的事物而形成的一种视觉习惯和审美观念。对称的稳定感特别强，能使画面有庄严肃穆、和谐的感觉。相比均衡和对称而言，巧妙的对比，不仅能增强艺术感染力，更能鲜明地反映和升华主题。在所有画中国画的构图是最精彩的。以下构图原则是作者在工作中积累下来的一些经验，供大家参考。

在绘画中构图的方法与手段对表现主题起着重要的作用。构图的任务要将画家所思所想的"语义"清晰地传达给观众，就得对符号进行组织。

01 由建筑的高度决定横竖构图。

▲横构图　　　　　▲竖构图

02 构图需要留边框，上下左右留2~3cm 的宽度。

留边

03 建筑体不宜画得太大或者太小。

04 一般情况下构图要天大地小。地面再小也必须保证能把环境与建筑的关系表达清楚。鸟瞰图中，地面有侧重表现，如广场。

天空

地面

▲正常构图

05 避免出现不同物体的线条重合，干扰形体的表达。

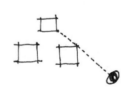 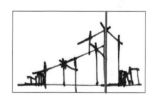

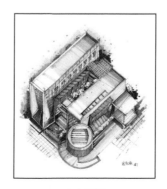 

▲鸟瞰图　　　　　▲表现水面

06　一般情况下，避免出现建筑轮廓线与纸边线平行。

07　配景不能与建筑同高。

▲错误　　　　　　▲正确

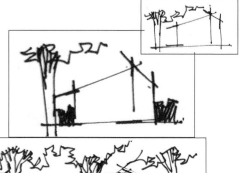

08　避免较长的直线贯穿整张画面。

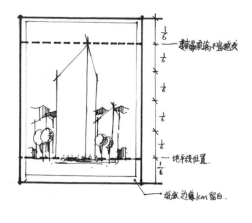

09　画面要表达重点——主要刻画想表达的部分，其余虚化。重点描写区域应具有足够的细节、足够的对比度。对比可以衬托物体，不一定非要黑才能凸显出来。

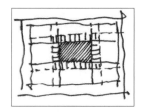

10　配景与建筑应产生对比，以突出建筑。可采用建筑横向-配景竖向，且不能太整齐，也可采用建筑竖向-配景横向，建筑规整，配景生动。

右面两种构图是我们经常用到的构图方式，可以适当进行调整，其基本原则不能改变。

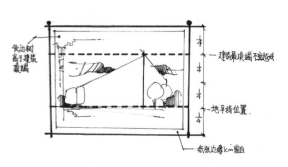

▲竖版构图　　　　　　　　　　　　　　　▲横版构图

除上述所讲的构图方式以外，还有一种不规则构图，掌握不好的话，很容易弄乱画面。不规则构图其本身存在着多样的属性，如杂乱的、抽象的、理性的和神秘的等。单一不规则线段也存在着视觉指引性，如果运用得当会产生奇特的画面效果。如果将杂乱的不规则的线充满整个画面，这时再把简洁的主体形态安排在画面适当的位置上，可出现强烈的对比效果，同时会呈现出抽象的、神秘的画面气氛。

2.2　透视

透视是决定一幅效果图是否精彩的重要因素。好的透视表达可以增加画面立体感与张力,而不好的透视表达则使画面平庸且没有生气。透视一般分为三种:一点透视、两点透视和三点透视。

2.2.1　一点透视

一点透视又叫平行透视,在建筑画面中只适合连体建筑或者建筑组合。因为一点透视的立体感不强,所以一般在刻画建筑入口空间或者道路的进深感时常用到它。

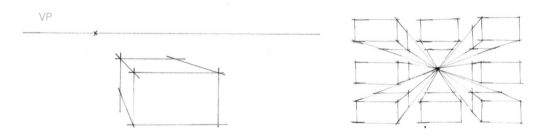

建筑一点透视

01　根据平面图、立面图定出灭点,定好最高的体块,其他的体块要参考最高的体块,体块的长宽同样参考高度。这就需要我们详细了解建筑的比例。

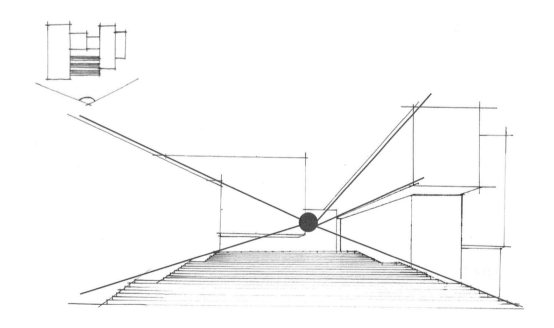

提示

所有的斜线都相交于灭点,所有的直线、竖线都平行。

02 对建筑体进行细化，包括窗户、材质和结构区域。立面的窗户不存在近大远小的透视关系，透视面上的构筑体存在透视关系。地面与天空的比例要保证天空大于地面。

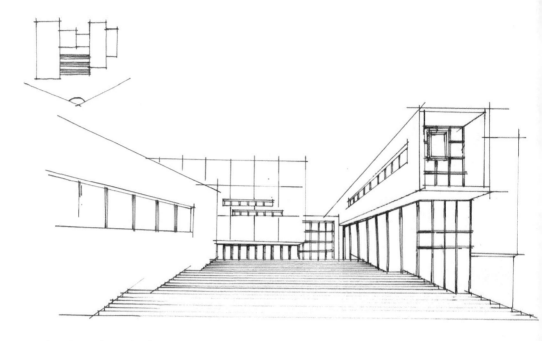

03 运用排线方式，对建筑结构进行刻画，并对阴影部分进行处理。

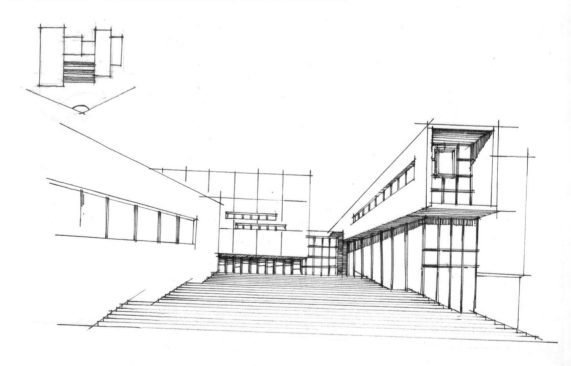

　　在练习一点透视时要注意：第一是灭点不要放在纸面的最中间，尽量往左或者往右一点，保证画面有主次之分；第二是所有的斜线必须与灭点相交，这样透视就不会出现错误；第三是要加强体块、组合体块、字体的透视空间拉伸，训练透视的同时，也加强了形体比例的练习。

2.2.2 两点透视

两点透视又叫成角透视,在建筑画中常用,因有两个灭点,故立体感强。初学者初期可将灭点固定在地平面上,后期熟练后可凭感觉表现透视关系。

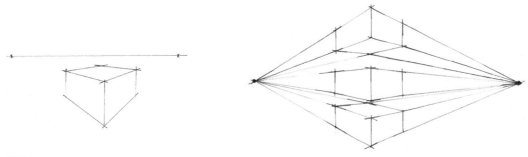

提示

两点透视中的两个灭点是在同一条视平线上,灭点之间的距离决定了形体的透视角度大小。

狗透视

狗透视是建筑专业常用叫法,其实就是视平线人为地压低。这样,建筑张力感更强,同时地面的面积也随之减少。利用配景的刻画,可减少地面出现透视错误。

01 两点透视的灭点一般都在纸面的两端,利于灭点的寻找。在画面中先定最高的体块高度,再参照它来目测其他体块的高度。遇到体块的穿插、切割部分要把结构表达清楚。

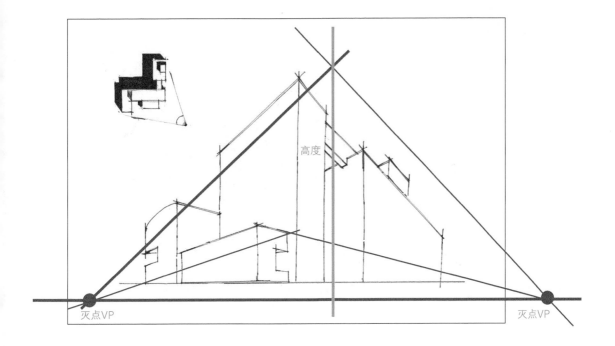

提示

在狗透视中,地面是按一条直线来处理的,也就是视平线与地面线近似于同一条线。

02 对建筑体块进行楼层分割，手绘表现不像CAD 图那样精确，所以在楼层的分层上有大致的比例关系即可，但必须要与灭点相连，避免出现透视错误。太长的线条我们可以用尺规来辅助。

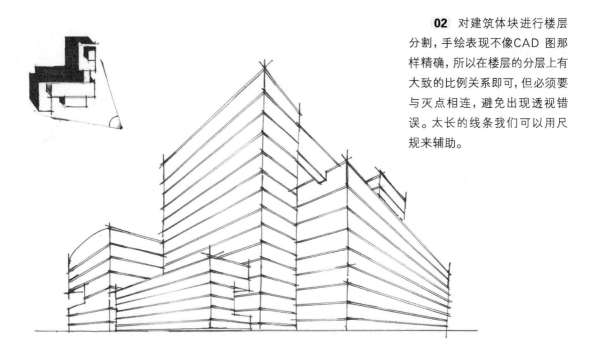

03 对建筑体块进行光影刻画。暗部、投影的刻画会使体块间联系更加紧密。暗部要注意渐变，投影要给定区域范围。在建筑画中必须添加植物、人物等配景。此时主要讲透视，所以没有加配景，以免影响大家观察体块。在后面的步骤图教学中会讲到环境配景的搭配。

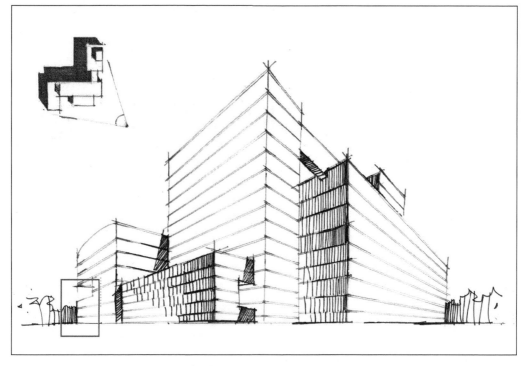

▲建筑特别关键的结构不能被配景遮挡住

在练习两点透视时要注意：第一是两个灭点位置的确定；第二是视平线高度的确定要彰显建筑的张力；第三是要注意空间的比例关系、构图、虚实关系及环境的搭配。

2.2.3
三点透视

　　三点透视是最不常用的透视类型，主要表现摩天建筑的高耸特性。但因其灭点繁多，在实际的学习及快题设计中很少涉及高层建筑，三点透视在此不做赘述。

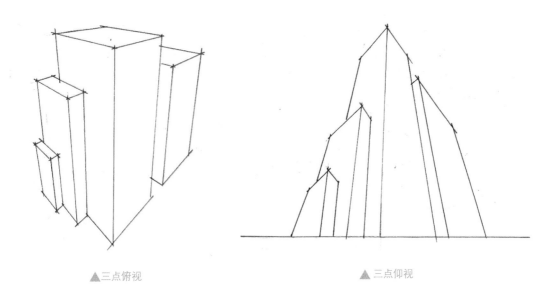

▲三点俯视　　　　　　　　　　　　　　　　　▲三点仰视

三点俯视

　　三点俯视是三点透视中最常用的方式，在建筑手绘鸟瞰表现中运用广泛。

　　01　不管建筑体由多少体块构成，我们都把它当成一个方形，化零为整。在这一步我们可以不考虑第三个灭点。其实三点透视是在两点透视的基础上，又在视平线的上面或者下面增加了一个灭点而已，所以我们先完成两点透视部分。

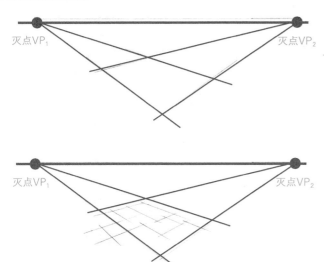

　　02　根据实景照片先想象出建筑的平面图，再把平面图进行透视变化。与实景有点出入是允许的。

03 确定第三个灭点并与视平线垂直，灭点3 分别与平面投影相连。

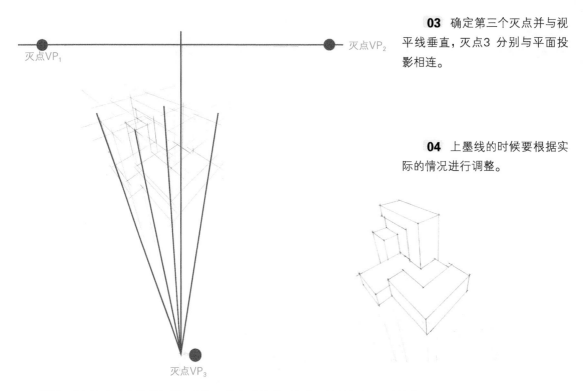

04 上墨线的时候要根据实际的情况进行调整。

05 对建筑表现主体进行详细刻画，其余建筑体要根据透视关系，尽量简化。

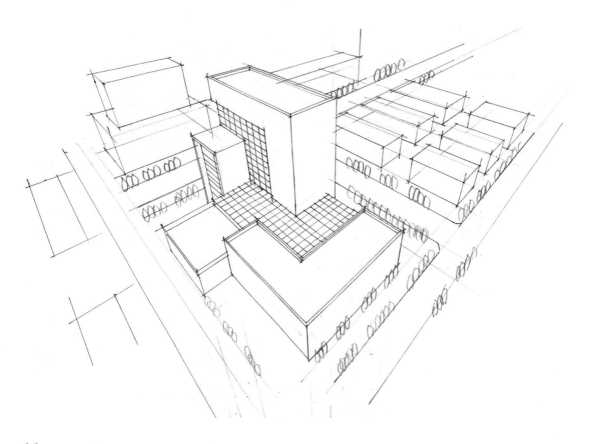

2.3 本章练习

这是典型的两点透视的效果图，主要是表现道路及构筑物在空间的运用。这种方式是我们快题考试、工作中最常用的方法。这需要设计者有很强的手绘表现功底及空间处理的能力，高层建筑因体量较小，造成天空留白较多。天空的处理在这张图中起到至关重要的。

01 照片分析：
高层建筑在构图上是比较使人纠结的，因为它横、竖构图均可，在人物的高度上决定建筑高度。

02 透视定位：定好两个灭点，所有的体块严格遵循透视原则。

03 场景处理：根据建筑的高度来取植物、人物等配景的高度。

04 整体处理：用植物、人物、汽车来丰富画面。线稿的天空使横构图更加的平衡。地面的透视不与两个灭点相连，是从新设立新的灭点使用一点透视的方法来使地面平缓。

完成图

第03章

建筑规划配景画法

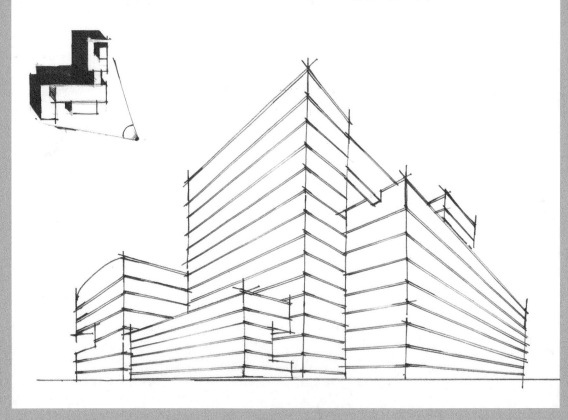

3.1 线稿的材质画法

　　材质表现在线稿画面中是区分体块间关系的媒介，不同材质在线条上的表达各不相同，材质明暗关系处理上要有虚实变化。材质的搭配根据实际情况来定，在画面的处理中可以根据需要进行调整。

各种材质

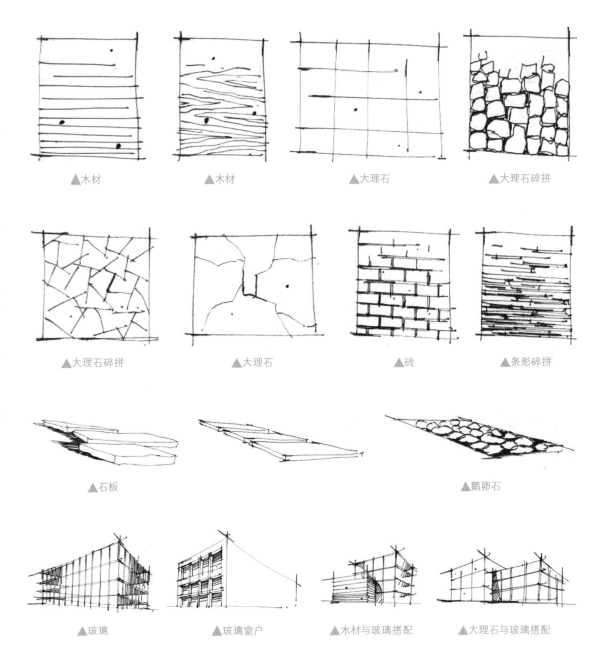

▲木材　　　　　　▲木材　　　　　　▲大理石　　　　　　▲大理石碎拼

▲大理石碎拼　　　▲大理石　　　　　▲砖　　　　　　　　▲条形碎拼

▲石板　　　　　　　　　　　　　　　　　　　▲鹅卵石

▲玻璃　　　　　　▲玻璃窗户　　　　▲木材与玻璃搭配　　▲大理石与玻璃搭配

入口、门窗

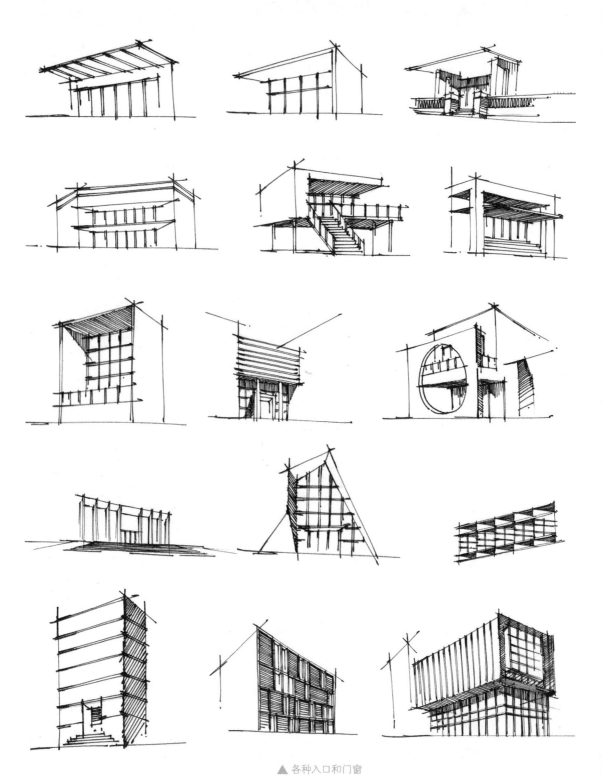

▲ 各种入口和门窗

3.2 线稿的人物画法

人物是衡量建筑体大小的标尺，在建筑场景中必不可少。在透视图中刻画人物，要考虑透视关系的变化。近处的人要画得大一些，要画得详细一些，对比要强烈一些；远处的要画得小些、概括一些，其大小要合乎比例关系，否则将会影响画面及建筑的尺度。

技法视频：人与建筑的参照
使用说明：移动终端（手机、平板电脑）
用户可扫描二维码观看课程视频

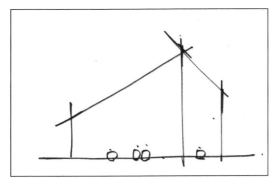
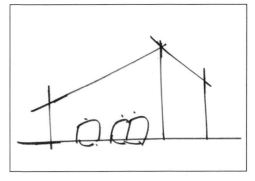

▲从上面的两幅图就可以看出人物刻画直接影响建筑的体量感

人物的比例

头、上身与腿的比例为1:4:4，不过在画建筑画时经常会把头理解成一个点，如果把头画得过于详细，会造成画面乱，所以我们在刻画建筑效果图时，人物的上身与腿的比例一般为1:1，头忽略不计，用点表示。

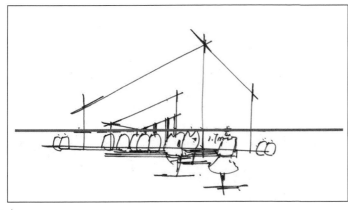

◀在同一地面上的人物的头应该画在同一条线上。不过近景、中景、远景的人物（小孩除外），如站在不同高度，其人物的头的高度则有变化

男士

在建筑画中没有必要把人物的年龄阶段分得太清，毕竟我们的主体是建筑，能看出是男士即可。

提示

不管是男士还是女士，其实在理解上就是三个不同的体块构成的单体。人物的头我们一般以点来表示，上半身按上窄下宽画，下半身两条腿往里收，而且脚不能同时在地面上，否则就缺少了动感。

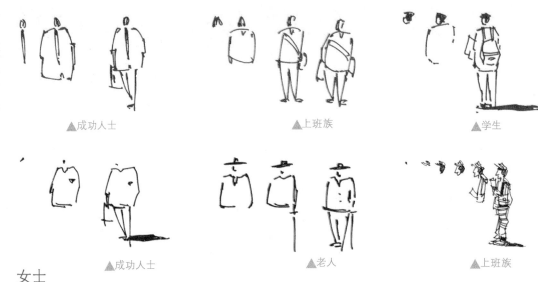

▲成功人士　　　　　　　▲上班族　　　　　　　　▲学生

▲成功人士　　　　　　　▲老人　　　　　　　　　▲上班族

女士

在表现女士时应体态修长，因此腿要长，马尾轻摆，裙摆飘逸。女士的上身与下身的比例应是4∶5。

▲学生　　　　　　　　　▲上班族　　　　　　　　▲时尚女性

▲时尚女性　　　　　　　▲时尚女性　　　　　　　▲时尚女性

▲背面 ▲正面　　　▲背面 ▲正面　　　▲正面 ▲背面　　　▲正面 ▲背面

提示

女士的裙子要自然，腿已经被裙子遮挡住一部分，所以腿要画得稍短。

远景人物

远景人物在画法上比较概括，不分上身和腿。

▲单个远景人物

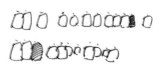

▲组合远景人物

提示

在建筑群、高层建筑、办公建筑远处的人物可以多画一些，使氛围感更强。

中景人物

画法上比远景人物详细一些，要有变化。

▲单个中景人物

▲组合中景人物

近景人物

画法上较为详细，人物姿态进行一些变化。

◀小孩一般比较活泼可爱，在刻画时要有运动感，手上可配上气球

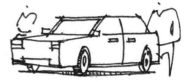

▲人物在场景中的运用

三口之家

三口之家在画面中经常出现，如在别墅、商住一体建筑等场景中，小孩拿的气球取决于画面构图的需要。

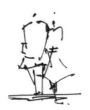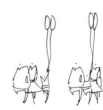

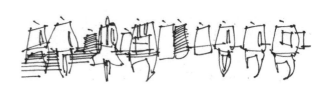

场景中人物

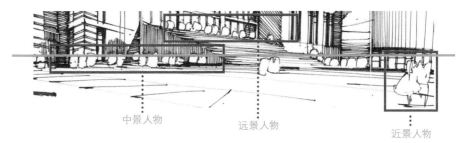

中景人物　　　远景人物　　　近景人物

提示

同一地平面上的人物头应放在一条线上。

3.3 线稿的简单植物画法

在建筑画中,植物在配景中起着关键性的作用。植物一般在建筑画中分为乔木、灌木、地被、花草。在画法中分为收边植物、中景植物、远景植物。不同层次的植物可以拉开空间的层次,同时每个层次尽量用两种或者两种以上的植物,这样会让层次更加丰富。建筑画中的植物不会像景观专业学生的植物画得那么详细,相对简单易学一些。植物画法中的难点是植物的绕线要有变化,形体的把握要准确,树的分支要自然等。

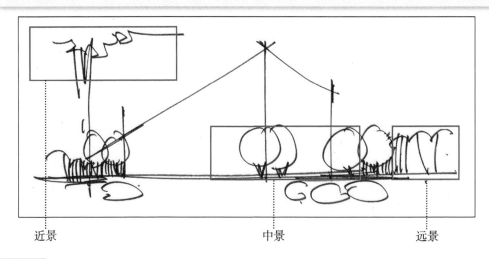

近景　　　　　　　　　　　　中景　　　　　　远景

3.3.1 平面植物

在建筑平面图中,植物只是陪衬,平面植物不能画得过细,不能比建筑的主体还抢眼。平面植物大部分的基本形是圆形,在圆形的基础上进行变化,可以产生不同形态的平面植物。

技法视频:树的画法
使用说明:移动终端(手机、平板电脑)
用户可扫描二维码观看课程视频

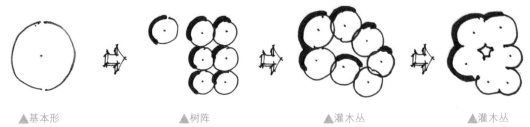

▲基本形　　　　　　▲树阵　　　　　　▲灌木丛　　　　　　▲灌木丛

▲行道树

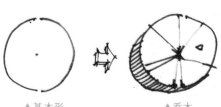

▲基本形　　　　　　▲乔木

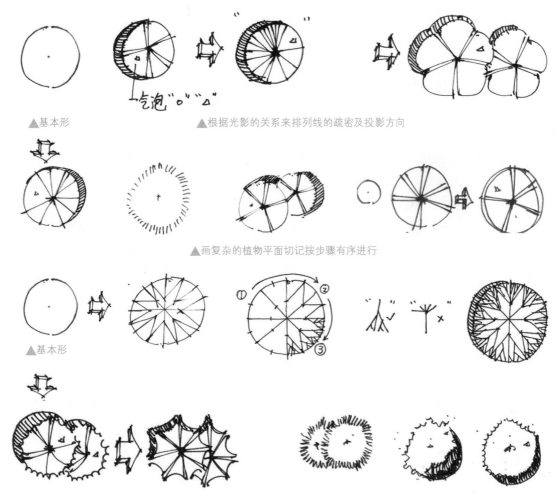

▲基本形

气泡"o""△"

▲根据光影的关系来排列线的疏密及投影方向

▲画复杂的植物平面切记按步骤有序进行

▲基本形

六边形平面植物

画六边形平面植物时不要过于对称, 每一个六边形的平面植物尽量有变化, 才会显得自然。

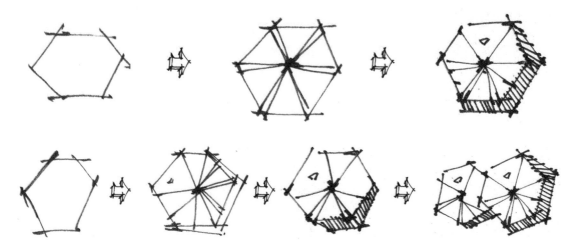

草地

一般是在与植物或者建筑体相互交接的地方进行排线, 离建筑或者植物越近排线越密。

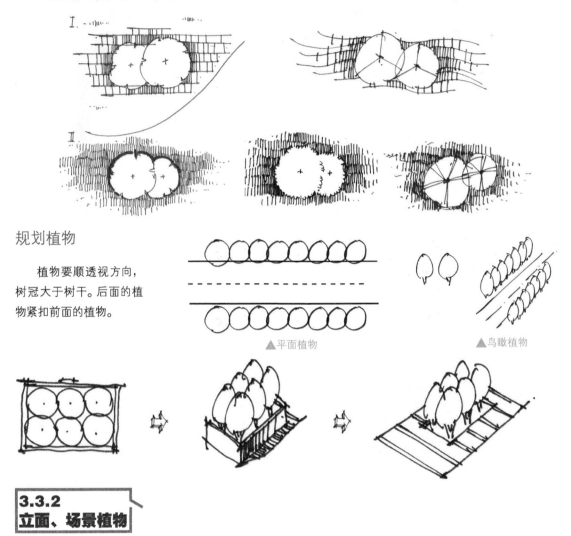

规划植物

植物要顺透视方向, 树冠大于树干。后面的植物紧扣前面的植物。

▲平面植物　　　　▲鸟瞰植物

立面、场景中的植物区分不大。立面中的植物用以增强环境感, 增强立面图的画面感。场景中的植物则相对复杂, 且物种较丰富, 画法上不易掌握, 应把握好不同植物的基本形态。

"W" 形

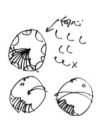

气泡树

这是一种以球体为基本形的乔木，一般画在画面的中景或者远景中，起到拉高建筑的效果。

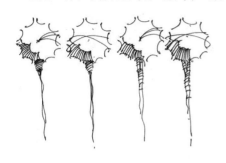

▲树干有变化　　　　　　　　▲树冠有变化　　　　　　　　▲植物搭配

"山" 形树

提示

线条上尽量找到一种适合自己的，不要一味地临摹他人的线条。在真正画植物的时候，只要基本形体正确，画出的植物就不会难看。

"几" 字形绕线

◀不同绕线的植物的画法不要求全部掌握，找一种适合自己的画法即可

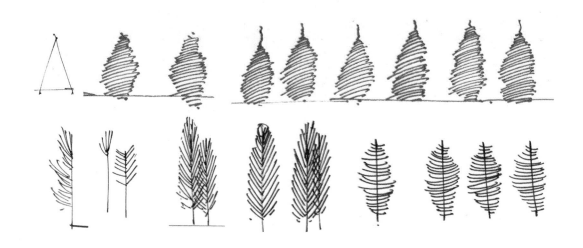

雪糕树

不同的形体, 都有相同的地方。在确定植物的形体后, 用排线的方式来体现植物的变化。

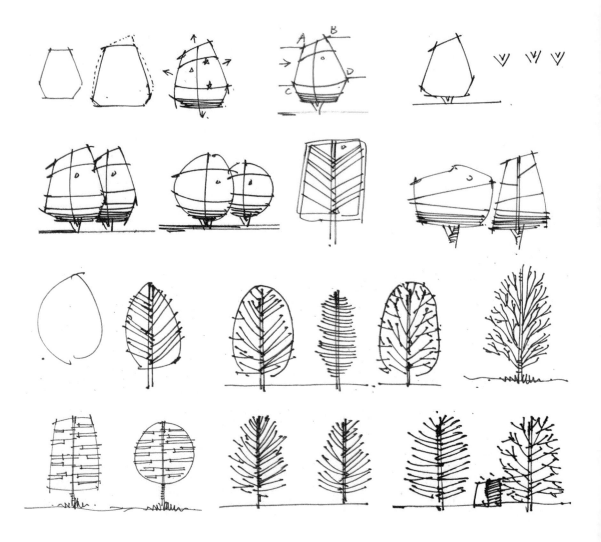

灌木

灌木一般在收边或者中景中使用，特点是树枝短小，主要以树冠为主，在场景中以两个或者两个以上（成组）出现，破开地面线。

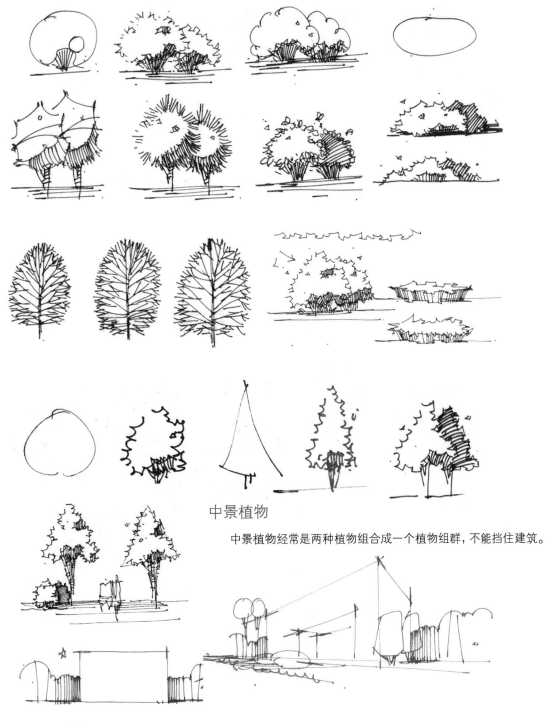

中景植物

中景植物经常是两种植物组合成一个植物组群，不能挡住建筑。

远景植物

远景植物在立面图中也经常使用，以增强环境感。

收边植物

收边植物就是前景植物，在画面中起到框景的作用，同时是为了使场景表现多一个层次。树冠要画得自然而有变化，枝干不能过度刻画，不然会比建筑的主体还抢眼。枝干与地面接触的处理，应用灌木或者地被植物以及石头等配景结合。收边植物一般用在横向构图中。

在所讲的植物画法中，有些读者可能会觉得植物画得太过简单，不够丰满。然而，应明白建筑效果图是表现建筑而不是植物。植物不应抢了建筑的主体位置。同时，手绘只是一种表现方式，重要的是设计。

3.4　线稿的复杂植物画法

复杂植物在建筑画中能增强场景感，不过画法较难不易刻画，因此不建议在快题中使用。这种画法对多数的建筑规划类学生而言，不好掌握，需要有一定的美术功底或坚持长时间的练习。

3.4.1 乔木

在建筑设计、建筑绘图中植物是最重要的元素，缺它不可。而植物也是比较难画的，不同类型的形体在用线处理上也不同。一般我们在画植物的时候把它们分为四大类：乔木、灌木、地被、花草。按照类型有各自的形体和线条规律。同类型的植物，线条表现上有不同的表现方式。

植物除了形体，最容易出现问题的就是线条，还有就是两个或者两个以上的同种植物应有变化。

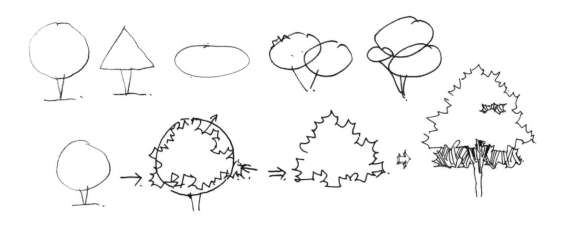

植物常见错误

▲重心不稳　　　　　　▲树干与树冠比例失　　　▲暗部的排线不能用竖直线　　▲树干分支太正，太多
　　　　　　　　　　　　调，树干分支不自然

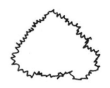

▲绕线没变化　　　　　　　　　　▲开口太多且平行

51

树干

　　枝干的画法是植物细节表现的地方,要求与树冠有机结合。刻画时运笔适当地停顿,枝干从下往上慢慢变细,枝干与树冠接触的地方有投影,同时在排线时要体现枝干的结构。

树干常出现的错误

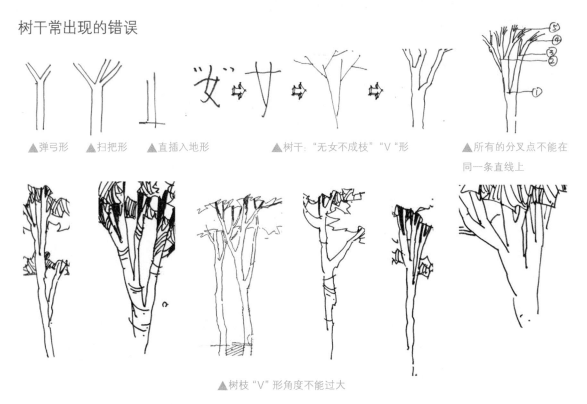

▲弹弓形　　▲扫把形　　▲直插入地形　　　▲树干:"无女不成枝""V"形　　　　▲所有的分叉点不能在
　　　　　　　　　　　　　　　　　　　　　　　　　　　　　　　　　　　　　　　同一条直线上

▲树枝"V"形角度不能过大

　　乔木的好坏直接影响画面效果,难点在树形、枝干的表现上。乔木常用在画面的前景和中景中。

复杂乔木

如果是不上色的线稿，应用排线的方式加强对比关系。

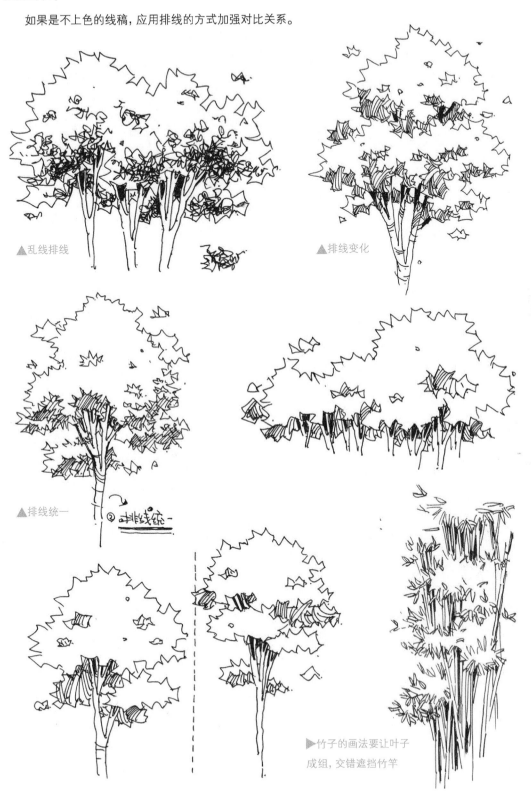

▲乱线排线

▲排线变化

▲排线统一

②排线统一

▶竹子的画法要让叶子
成组，交错遮挡竹竿

收边植物

提示
1.大的树形要自然、优美、舒展。
2.枝干要有变化(不应过于直硬)。

3.4.2
灌木

　　灌木在建筑效果图中是必不可少的，经常和乔木、石头等配合使用。灌木的刻画要细，从体块、高度、详细
程度这几方面与其他植物形成鲜明的对比。

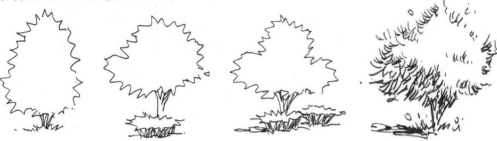

▲需要上色的灌木的线稿不用刻画暗部，可用马克笔上色来区分明暗关系

▲灌木的枝干比较短，一般用地被植物收底或者直接与地面接触

▲不同的灌木只是形体与绕线方式不一样，其规律一样

远处灌木

　　远景的灌木一般只画它的轮廓，明暗关系不用刻意加强。

▲远景的灌木经常用来凸显前面的植物，同时让灌木也有层次

复杂灌木

分析并刻画基本形后，就要注意植物暗部的处理。

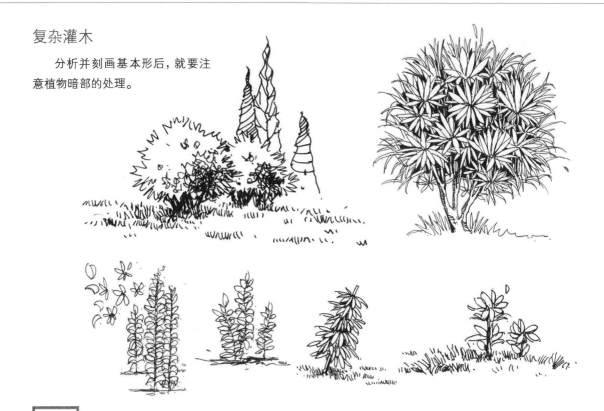

3.4.3 其他

绿篱

保证三个面，上面的面刻画得要小。一般很少表现两个面（立面图除外）。

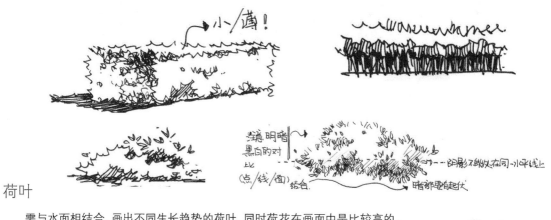

小/薄！

注意明暗黑白的对比

（点/线/面）结合

阴影不能放在同一水平线上

暗部要有起伏

荷叶

需与水面相结合，画出不同生长趋势的荷叶，同时荷花在画面中是比较高的。

草

丛草因为生长得比较密，每个叶片都处在不同生长期，故在刻画时要多表现几种状态下的叶片。

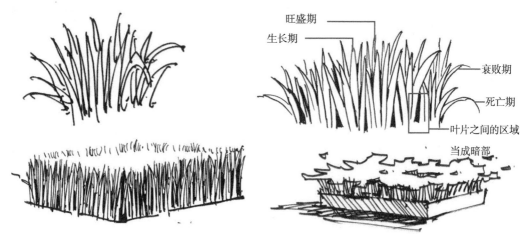

旺盛期

生长期

衰败期

死亡期

叶片之间的区域

当成暗部

▲在一定范围内的丛草，远处可以按照上面的方式处理

植物组合

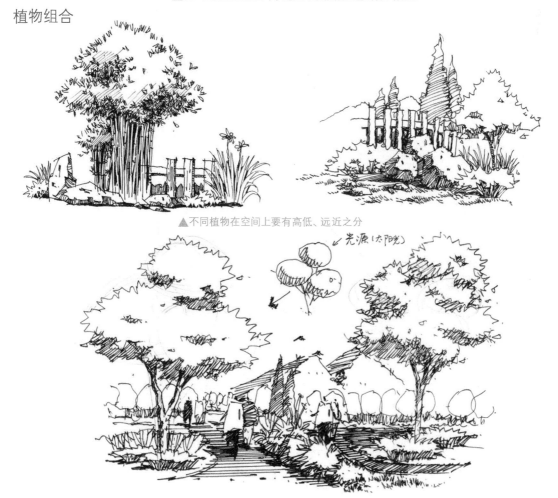

▲不同植物在空间上要有高低、远近之分

光源(太阳光)

▲人物的添加，使画面有了空间感与尺度感，远处的山让画面又多增加了一个层次

3.5 线稿的天空画法

　　线稿天空是否需要是根据建筑画的构图来决定的,不同的建筑体及建筑画对于天空的用线方式不尽相同,也没有统一的标准,如需要上色的建筑画可以不画线稿的天空。线稿天空一般是在线稿的最后一步进行,这对作者有一定的艺术修养要求。同样的建筑,不同的人会根据各自的理解与感受绘制出不同的效果。

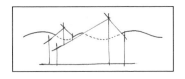

▲天空的线稿画法一般是呈 "S" 形或者 "Z" 形

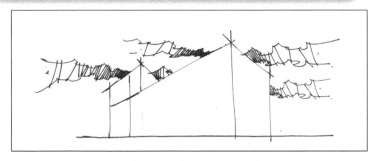

▲适合建筑线条比较工整或者结构不丰富的建筑体

线条天空一般是在建筑结构交接区域进行

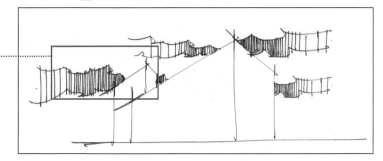

▲适合建筑线条较凌乱或者结构丰富的建筑体

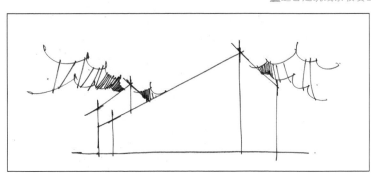

◀这种天空的线稿比较活泼,有一定的弧度,适合在方形体块较多的建筑中使用

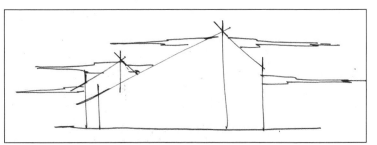

◀画一些高层建筑或者表达晴朗的天空时用

▶在透视线较多、垂直线较少的建筑中使用，可以让建筑画中不同的线条达到均衡。线的长短要有变化

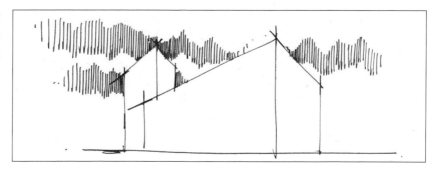

▶常用于底层建筑，能使建筑有拔高与延伸感。排线需要有一定的斜度

▶用铅笔大致画出云的轮廓，再进行排线。常用于表现晴朗有云的天空

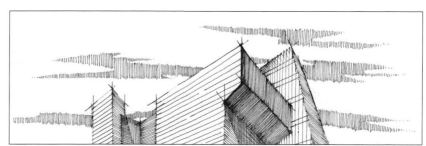

▲练习排线，可作为装饰建筑画，用到的机会极少

3.6 线稿的石头画法

石分三面，画石要分出体积块面，要有凹凸感、明暗、高宽、厚薄等，这些均可以看作体积与块面的关系。

板石或者方石 以方体为基本形，适当变化。暗部的排线要有变化。

 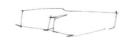 

两块或者两块以上的石头 体块之间因光线会产生投影。

偏圆石 偏圆石形体不是那么方，人为地让体块有一定的切割的感觉，让基本形自然。

组合偏圆石 偏圆石暗部的位置尽量与前一个体块的亮部相交，拉开空间层次，同时添加一些植物，让石头和环境很好地融合。

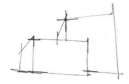 

方石与偏圆石结合 这种石头的画法，线条比较硬朗，用于表现一些棱角比较分明的石头。

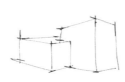 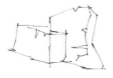 

▲石头放在水边要考虑投影，投影区域不能多于石头的面积

▲石头一般放在草地或者水边，故应考虑石头与地面、水面的投影关系

3.7 线稿的水体画法

水景是提升感观吸引力的最好的景观元素之一。场地因水而活,空间因水而灵动。同时还有基底、系带和焦点等作用。基底作用:衬托驳岸和水中景观,利用倒影扩大和丰富空间;系带作用:联结、整体统一;焦点作用:吸引游人注意力。

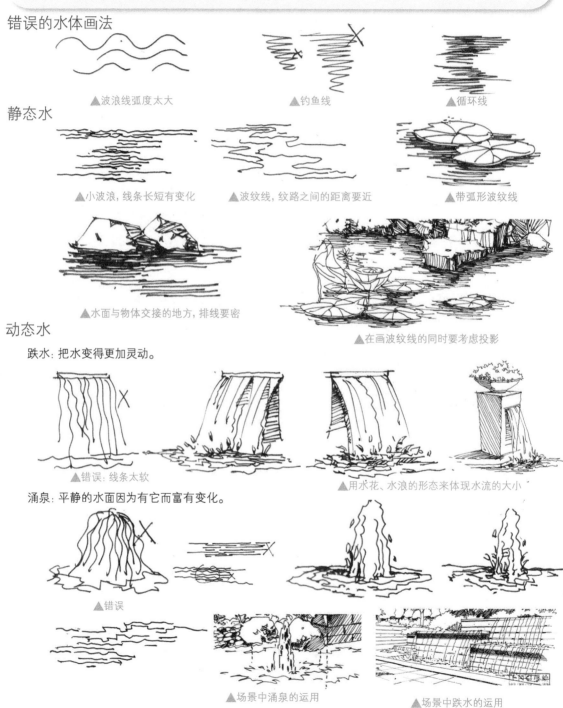

错误的水体画法

▲波浪线弧度太大　　　　　▲钓鱼线　　　　　▲循环线

静态水

▲小波浪,线条长短有变化　　▲波纹线,纹路之间的距离要近　　▲带弧形波纹线

▲水面与物体交接的地方,排线要密　　▲在画波纹线的同时要考虑投影

动态水

跌水:把水变得更加灵动。

▲错误:线条太软　　　　　▲用水花、水浪的形态来体现水流的大小

涌泉:平静的水面因为有它而富有变化。

▲错误

▲场景中涌泉的运用　　　　　▲场景中跌水的运用

3.8　线稿的汽车画法

车是场景中可有可无的配景元素，其刻画难度大，不好掌握。车一般在场景中很少用到或者只是画局部，但在一些特定的场景中，交代建筑与场地关系的时候还是必须要的。

技法视频：汽车的画法
使用说明：移动终端（手机、平板电脑）

用户可扫描二维码观看课程视频

3.8.1 汽车分析

汽车平面图　　　汽车立面图　　　　　　　　汽车后视图

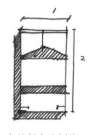

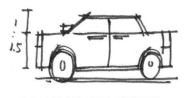

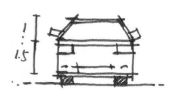

▲车的长宽比例为2∶1

▲轮胎到玻璃下沿与玻璃下沿到车顶比例为1.5∶1

▲车的宽高比例接近1∶5

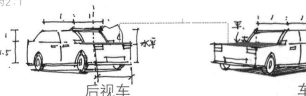

前视车　　　　　　　　后视车　　　　　　　　　车和人搭配

3.8.2 分步骤图

轿车

轿车是画面中常用的一种车型，它没有场地的限制。在车顶、引擎盖、轮胎等部位的位置、比例上容易出错。

▲ **01** 车顶线就是一条直线。两条风挡玻璃线离观看者越近其倾斜度越大。

▲ **02** 车顶线就是一条直线。

▲ **03** 车前角交点在车顶交点的附近。

▲ **04** 画车身前部，注意车身的高度要高于车窗。

▲ **05** 确定车的长度。

▲ **06** 确定车轮胎的位置。

◀ **07** 车轮胎位置是车前玻璃外框延伸线，车尾比车头的高度要高

▲ **08** 最后画地面投影。

厢式货车

厢式货车常在画工业区建筑时用到，其实就是在一个方形体块里进行一些细节处理。

◀ **01** 确定车的比例，在转折处体现车的特征。

◀ **02** 确定车头的结构比例。

◀ **03** 添加汽车的厢体，随着整体透视来绘制。

◀ **04** 确定车的轮胎位置。

◀ **05** 最后整体调整并加暗部。

大巴车

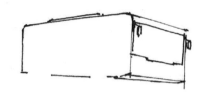

▲ **01** 确定车头。

▲ **02** 确定车的整体比例，在转折处体现车的特征。

▲ **03** 对车的玻璃、门进行刻画。

▲ **04** 确定车的轮胎，注意轮胎的厚度。

吉普车

吉普车的比例与轿车有一定的差别，在画时应先了解车的长、宽、高的尺寸，做到心中有数。

▲ **01** 确定车头。

▲ **02** 确定车头的结构比例。

▲ **03** 对车的玻璃、门进行刻画。

▲ **04** 确定车的轮胎。

3.9 本章练习

根据不同材质进行线稿练习。

敞篷轿车

其比例关系与轿车相差不大，就是没有车顶，相对比轿车易画。

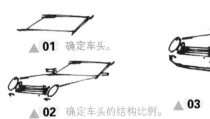

▲ **01** 确定车头。

▲ **02** 确定车头的结构比例。

▲ **03** 对车的玻璃、门进行刻画。

▲ **04** 确定车的轮胎。

汽车背立面图

三厢轿车

◀ **01** 确定方向。

◀ **02** 刻画车身。

◀ **03** 刻画轮胎。

▲ **01** 确定车身结构。

▲ **02** 勾勒轮胎。

▲ **03** 细节刻画。

汽车侧立面图

▲ **01** 确定车型。

▲ **02** 总体结构。

▲ **03** 细节刻画。

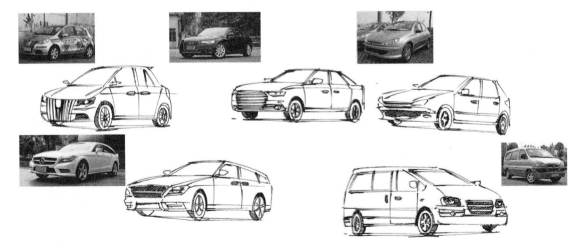

▲各种汽车

第 04 章

建筑空间线稿画法

4.1 平面拉伸空间

平面拉伸空间是设计者在考试、工作中经常遇到的，对绘图者的空间想象能力以及立面设计能力有一定的要求，难度较大。如何将其画好，关键在于平时的积累。

技法视频：平面拉伸
使用说明：移动终端（手机、平板电脑）

用户可扫描二维码观看课程视频

4.1.1 平面图分析

1. 平面图投影：可以看出建筑与地面的关系，以及建筑大概的高度。
2. 平面图标记：标注有数字，这就是建筑的楼层数。
3. 由平面图看出这个建筑由3个体块构成，最高为23层，3层的是商业建筑区，呈不规则形，灭点应选取左面，不能选在右面，因为3层的不规则体左面的角高，按照透视画出会给人一种错觉，以为是透视画错了。

▲ 平面图

4.1.2 建筑体块分析

1. 对体块的深层次分析有助于对建筑本质的理解。
2. 研究设计者是如何对建筑进行切割、组合、穿插的。

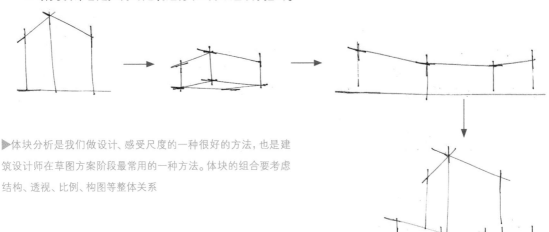

▶体块分析是我们做设计、感受尺度的一种很好的方法，也是建筑设计师在草图方案阶段最常用的一种方法。体块的组合要考虑结构、透视、比例、构图等整体关系

4.1.3 草图分析

草图也就是成图前的小样图，5分钟左右刻画出的建筑大致关系，同时也是我们外出写生、收集素材的一种最好的方法。

这张图难点在玻璃上，经过草图分析玻璃可以用以下两种方式处理。

1. 排线较密的暗部玻璃，亮部排线随光影有一定的变化。
2. 亮部与暗部玻璃排线一样，暗部再画斜线，增强暗部效果。

◀很多绘图者在绘制高层建筑时都采用竖构图，其实这是一个错误的观点。多数还是应采用横构图，这主要取决于建筑组合体的宽度

从整体构图来看画面的右面偏轻，可以适当加车、人物、植物或者签名

4.1.4 线稿绘制

01 铅笔打形。铅笔稿的第一步是先确定建筑的透视——两点透视。在图面中确定好两个灭点的位置，地平面和视平线可以近似成一条线，横向所有的结构线应与两个灭点相连。

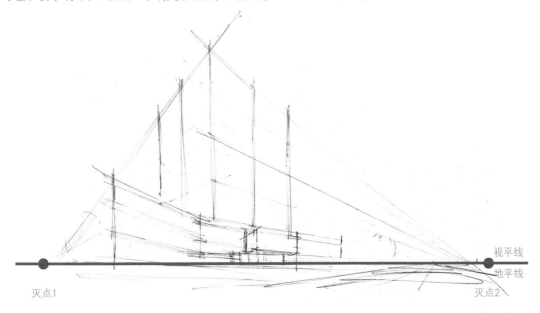

视平线
地平线

灭点1

灭点2

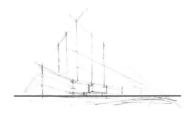

▲ 地面线在整个纸面的1/3处向下，确保"天多地少"，突出建筑主体

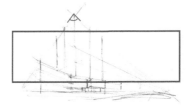

▲ 建筑主体在纸面中间1/3左右处，保证刻画主体在画面的中心。透视建筑的夹角要小

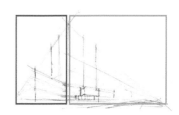

▲ 建筑左右两面要有主次关系，不能平均

02 细分楼层。注意近大远小的关系，同时增加远处的建筑轮廓，让建筑不会感觉那么单一。

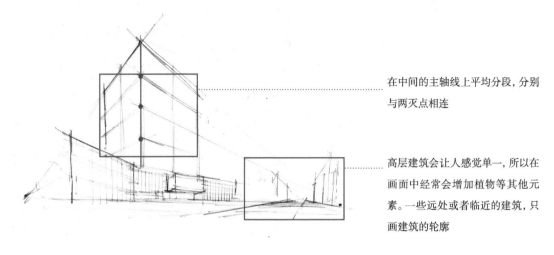

在中间的主轴线上平均分段，分别与两灭点相连

高层建筑会让人感觉单一，所以在画面中经常会增加植物等其他元素。一些远处或者临近的建筑，只画建筑的轮廓

03 增加配景。为建筑增加人物、植物等配景，让建筑不至于那么孤立。

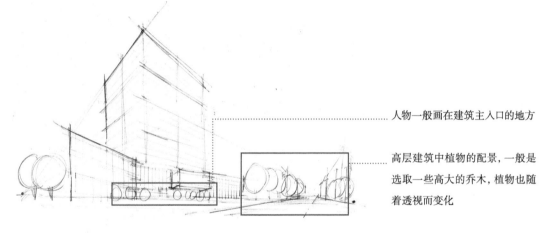

人物一般画在建筑主入口的地方

高层建筑中植物的配景，一般是选取一些高大的乔木，植物也随着透视而变化

04 勾勒建筑轮廓。保证透视正确，先前的铅笔稿可以适当地调整。对于太长的线条，建议用尺规辅助，不然把握不好，容易造成画面乱。同一条线重复绘制不能超过三次。

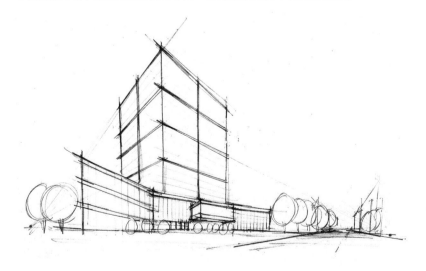

05 玻璃处理。把建筑的轮廓确定好以后，就开始刻画细节，细节透视方向也要正确，微小的透视问题就会影响整体的透视关系，同时注意建筑体转折、厚度及结构的把握。

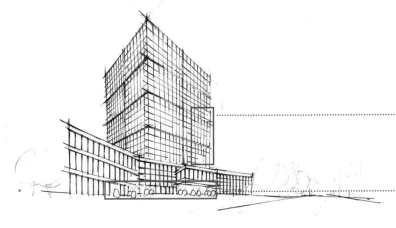

远处的玻璃可以慢慢虚化

人物是建筑的标尺，在同一地平面的人物高度一样。高层建筑景深大的话，人物按照远景中的人处理

▲ 除了建筑中的玻璃外，其他建筑构件的厚度也需要刻画，裙楼的玻璃部分可以用双线来区分

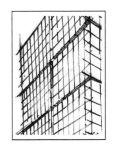

▲ 每隔几层都有一个断面，断面的暗部采用排线来区分结构

06 环境的刻画。加强植物、人物的刻画，拉开画面中的层次感。

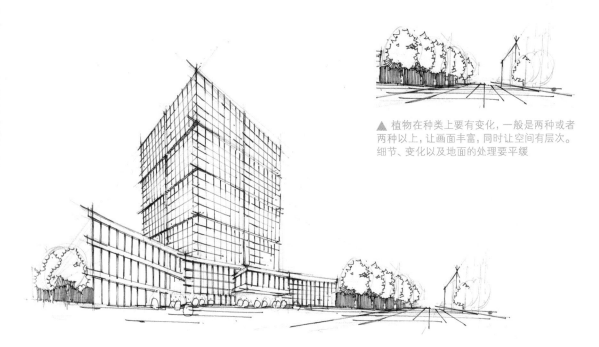

▲ 植物在种类上要有变化，一般是两种或者两种以上，让画面丰富，同时让空间有层次。细节、变化以及地面的处理要平缓

07 光影关系。处理好黑、白、灰三者的关系，黑白对比要加强，中间色调不要过于丰富。同时注意适当地概括、保留最重要、最具表现力的区域。

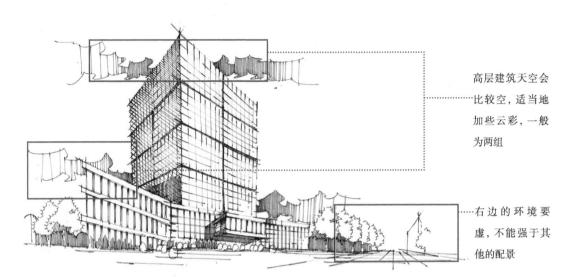

高层建筑天空会
比较空，适当地
加些云彩，一般
为两组

右边的环境要
虚，不能强于其
他的配景

▲ 靠近地面的玻璃因为有环境
的影响，要适当添加一些层次

▲ 为突出建筑，用后面的
植物来衬出建筑

◀ 体块交接的
地方，为了拉开
空间层次，一般
应加深后面体
块的明暗关系

完成图

4.2 鸟瞰图线稿绘制

建筑鸟瞰图在考研、快题中用得越来越多,它与狗视图比起来多一个面,能更好地表达建筑与场地之间的关系,难度较大,容易出现问题,是考查学生基本功最好的方法之一。

4.2.1 鸟瞰图分析

1. 这张鸟瞰图是一个不规则的地形,坡屋顶的建筑要注意透视。

2. 不在透视上的线要根据自己的经验来定体块间的穿插关系。

实景照片

4.2.2 建筑体块分析

鸟瞰图的体块不同于狗视图的体块,它要多一个面,视平线较高。

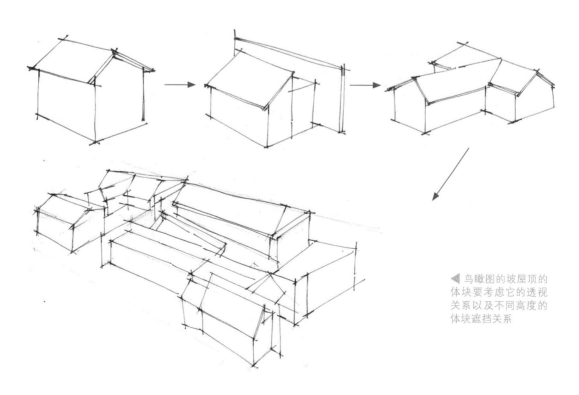

◀ 鸟瞰图的坡屋顶的体块要考虑它的透视关系以及不同高度的体块遮挡关系

4.2.3 草图分析

1. 在绘制欧式建筑或者中国古建时，应用特有的建筑符号元素来体现建筑的特征。

2. 用环境来体现建筑的年代感。

3. 高大的植物可以拔高建筑，使建筑显得更加高大。

4. 植物的物种尽量丰富，有高低差别，画面才有层次感。

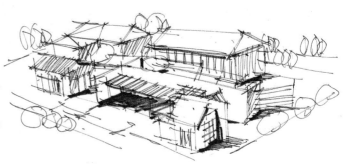

4.2.4 线稿绘制

01 确定透视比例。这张图是两点透视，体块不规则，且没有在透视线上，这就需要我们根据自己的经验来对画面进行处理。

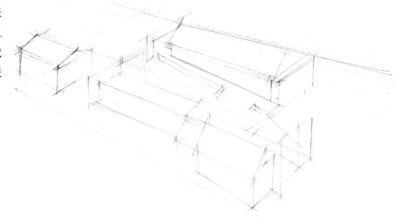

02 确定场地。建筑的体块确定好以后，要把建筑与场地的关系表达清楚。

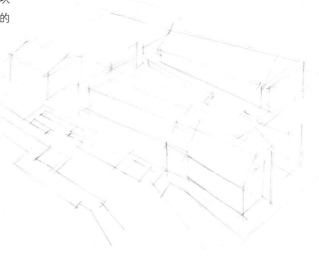

03 添加环境。场地确定以后给建筑添加环境，植物要根据透视的变化夹添加，鸟瞰图的植物枝干一定要短或者不画。

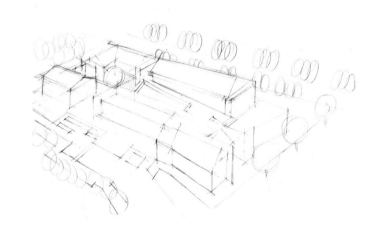

04 绘制建筑细节。对建筑的屋顶、窗户、玻璃进行划分，坡屋顶、片墙都要注意厚度。再者，人物的添加也可让空间显得丰富。

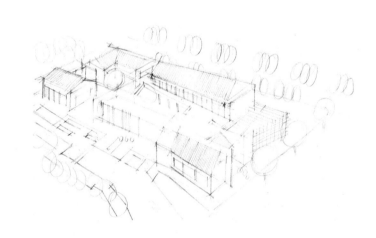

05 勾勒建筑轮廓。在铅笔稿透视正确的情况下对建筑结构线进行勾勒，有遮挡关系的地方要避免废线的产生。

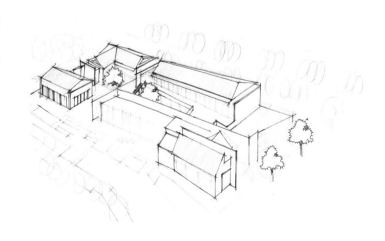

06 场地、建筑结构的细化。对建筑的屋顶，建筑的玻璃、木材等材质进行划分，结构厚度的处理让建筑有细节、也更有立体感。

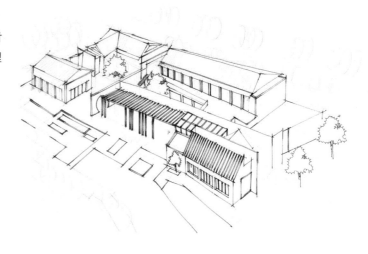

07 添加环境。场景环境主要是植物、场地的表现，鸟瞰图中的植物不要像狗透视效果图中画得那么详细。

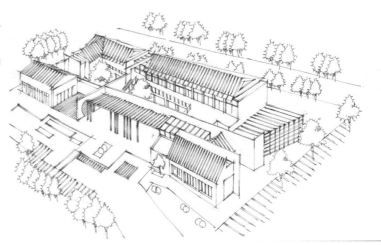

08 光影关系处理。确定光源和地面投影的大小、方向。排线要朝同一个方向，暗部排线要有疏密。

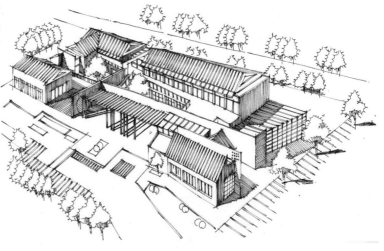

4.3 图书馆建筑线稿绘制

图书馆建筑是具有研究、展览、学习、交流、休闲等综合性功能的场所，是人们学习并满足精神文明生活的活动场所。在设计时，应充分考虑基地的客观自然条件和人文条件，做到与周围环境相协调。

4.3.1 实景照片分析

1. 一般图书馆建筑的体块较大，体块穿插明显，台阶较多。

2. 地面要人为地进行处理，突出氛围感，并添加一些人物。

4.3.2 建筑体块分析

1. 体块深层次的分析有助于对建筑本质的理解。

2. 看设计与绘图者是如何对建筑进行切割、组合与穿插的。

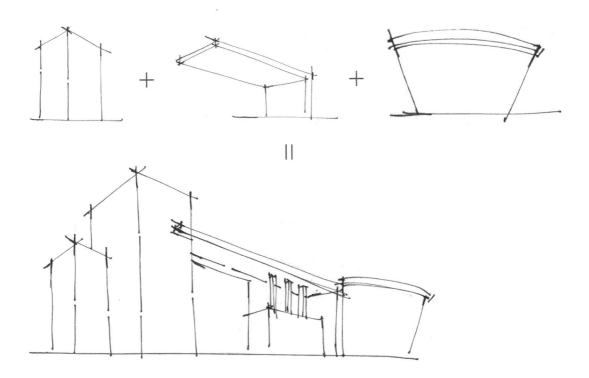

4.3.3 草图分析

1. 此建筑体块较为简单，为丰富建筑场景，需增加一些远处的建筑体块。

2. 中景植物与远景植物把空间拉得过大，为此要添加前景植物。

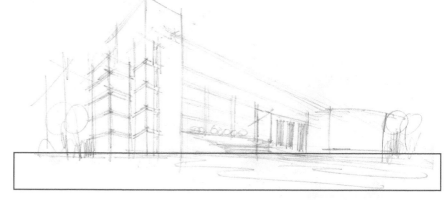

4.3.4 线稿绘制

01 铅笔定形。狗透视使建筑更有张力，地面要小，大致画出建筑的结构与场地环境。

▶ 地面与建筑体的
比例不能小于1:3

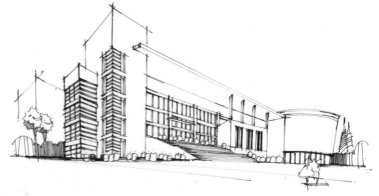

02 细节刻画。在铅笔稿的基础上对建筑进行墨线处理。结构、环境与人物的表现使建筑更具细节。

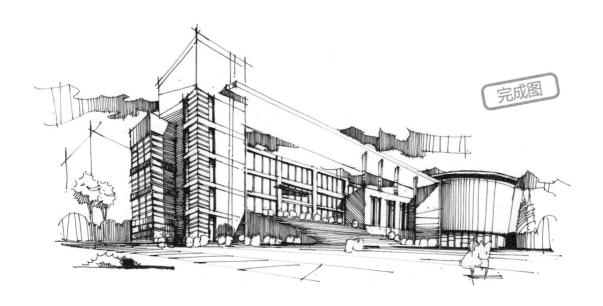

完成图

4.4 商业建筑线稿绘制

　　商业建筑一般较高,是由多个建筑体组成的建筑群,人口较密集。在手绘表现时,植物、建筑入口、人物与整体建筑的比例相差较大,最容易出现问题。把握好整体的比例是至关重要的。

4.4.1 实景照片分析

　　1. 景深较长,在手绘表达时重新调整。

　　2. 场地要根据实际情况来处理,地面要小,避免地面过大,造成视平线过高。

实景照片

4.4.2
体块分析

　　1. 保证透视正确，先前的铅笔稿可以适当地调整。

　　2. 对于太长的线条，建议用尺规辅助绘制，不然把握不好，易造成画面乱。一条线的绘制，不能重复超过三次。

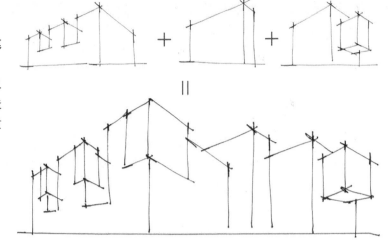

4.4.3
体块定形

　　根据实景照片的情况确定透视及体块的比例。

4.4.4
环境、场地

　　交叉路的场地最容易出现问题，在处理上最外的两条斜线一定要平缓，产生的夹角应尽量大些。

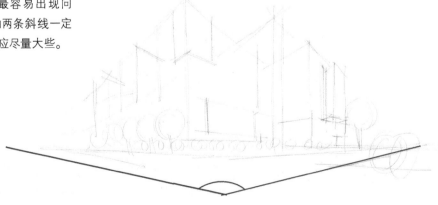

4.4.5
建筑细节

01 对建筑的窗户、门进行分割绘制。

02 不同的材质排线处理上应区分开。

4.4.6
墨线建筑结构

01 太长的线条可以用尺规辅助绘制。

02 为了体现建筑的高大，刻画的人物要小而多。

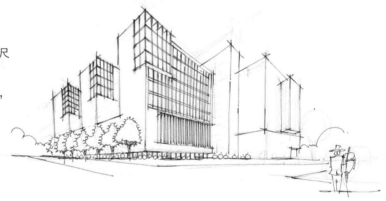

4.4.7
建筑体块材质

要体现大理石的大小、比例与材质。

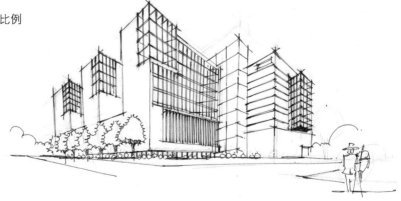

4.4.8
建筑环境

01 添加中景的人物、路灯和远景的植物。

02 为了加强建筑与环境的对比，远处的植物排线要密些。

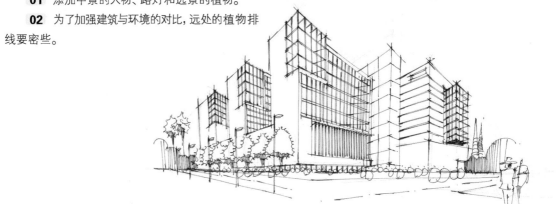

完成图

▲ 在一些对比不强的暗部，用F98的颜色来拉开空间的层次。不能用得过多，要考虑整体性

4.5 实景照片线稿写生

商业建筑一般都是建筑组群,由多个体块组成,它们相互穿插、切割、组合,形成不同的建筑形体,使建筑多元化。商业建筑体块之间的比例跨度对比较大,怎么处理它们是设计师和绘图员要考虑的问题,同时还要把场地表达清楚。

4.5.1 实景照片分析

1. 实景照片写生有观察、分析、铅笔打形、上墨线四个步骤。

2. 这张图中大面积是玻璃材质,而且建筑体高大。如何处理玻璃和构图是难点。

3. 植物配景要适当。

4.5.2 建筑体块分析

高层建筑体块之间的穿插比较复杂,在刻画时要仔细观察,不要改变建筑的结构。

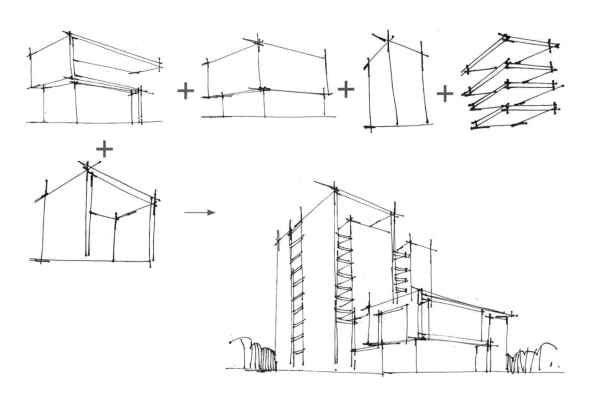

4.5.3 草图分析

草图分析可以使画者更加了解建筑的尺度、比例等关系，可以对不如意的地方及时进行修改。本图的难点在于如何区分出两个层次的玻璃。

1. 要使建筑有细节，就要把建筑的宽度、厚度和体块的穿插关系表达清楚。
2. 高耸的建筑因为高度的原因会使天空太空，所以应适当刻画天空，以丰富画面构图。

◀ 很多读者在绘制高层建筑时都采用竖构图。其实这是一个错误的方法。多数还是应采用横构图，主要由建筑组合体的宽度决定

········ 交叉路的地面最容易出现问题，应保证面小且线条平缓

4.5.4 铅笔打形

铅笔稿的第一步是先确定建筑的透视——两点透视。

01 确定好两个灭点的位置，地平面和视平线可以近似一条线。

02 根据建筑体块的比例关系，应近大远小，注意建筑体块间的遮挡、穿插、切割，横向的所有结构线应与两个灭点相连。

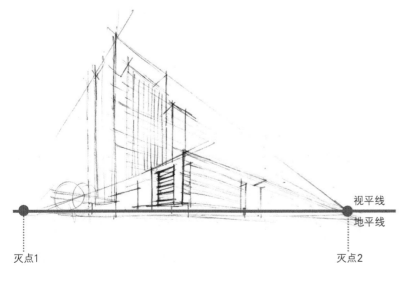

视平线
地平线

灭点1　　　　灭点2

▲ 再复杂的建筑按照体块—穿插—细化的步骤就会降低难度。此建筑应把它当成两个大的体块

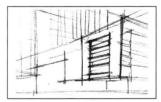

▲ 离我们最近的体块要把它的结构表达清楚，看不清楚或者有问题的地方，可以按照自己的理解重新设计与绘制

4.5.5 细分楼层

01 注意近大远小的关系，同时增加远处的建筑轮廓，让建筑显得不那么单一。

02 增加配景：人物、植物等。

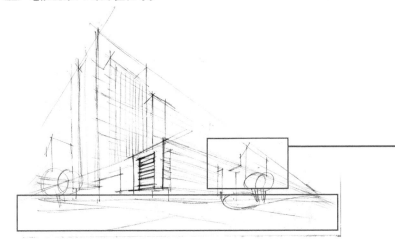

根据画面来决定是否要添加远景建筑。如需要添加远景建筑，不能刻画得太详细，且还要与主建筑体有联系

◀ 在把场地表达清楚的同时，保证地面面积要小

4.5.6 勾勒建筑轮廓

01 保证透视正确，可将之前的铅笔稿进行适当的调整。

02 对建筑后面太长的线条，建议用尺规辅助绘制，同时注意厚度。

03 人物应画得多一点，以体现建筑的尺度与体量感。

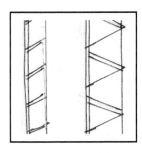

▲ 建筑的细部结构要和整体的透视同步，被遮挡的地方要预留出来

▲ 汽车也是表现场地关系的一种方式，但不宜画得太多

◀ 建筑的地面可以先不画，待把人物画完以后再进行处理，这样就不会有废线

4.5.7 细节处理

01 建筑的轮廓确定好以后，就可以开始进行细节刻画。

02 透视方向要正确，注意不要让细微的透视问题影响整体的透视关系。

03 同时注意把握建筑体的转折、厚度及结构。

暗部通过排线来处理，注意虚实变化，分清面与面的关系。所有的线条都与灭点发生透视关系

小的区域暗部不用处理，利用光影关系画出建筑的投影，与暗部形成鲜明的对比

远处小面积的暗部根据前面的体块来决定是否进行排线

遇到大面积复杂的窗户要随透视的变化逐一进行处理，厚度也要在画面中体现

两个体块相交的地方，应把后面的体块加重，来突出前面的建筑体块

4.5.8 地面处理

01 增强建筑与场地的关系。

02 增加远景建筑以及环境，让建筑环境更加和谐。

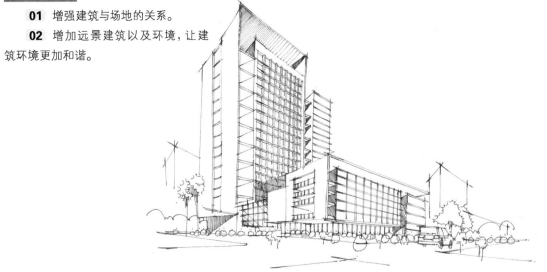

4.5.9 光影关系

01 处理好黑、白、灰三者的关系。

02 黑白对比要加强。

03 如果亮部的结构过多、暗部偏小，在线稿上就不处理暗部，到后期上色的时候再体现。

高层建筑的天空会比较空，应绘制适当的云来丰富画面，一般为两组，要有变化。云同时还有连接体块的作用

配景植物除了种类要丰富，透视也要有前后关系

人物可以绘制在不同高度的楼层上

完成图

4.6 欧式建筑线稿绘制

绘制欧式建筑时，应在建筑结构、门窗样式等方面与现代建筑、中式建筑进行区别。局部建筑构筑物体现了欧式建筑的特征，所以在绘制欧式建筑时除了要注意体块间的关系，还要对建筑的细节进行刻画。

4.6.1 实景照片分析

1. 在绘制坡屋顶建筑时，屋顶是最容易出现问题的地方之一。

2. 右图中最高的体块与左面的体块的结构线几乎在一条线上，故在线稿的处理上要人为地把高的体块拔高一些，拉开它们之间的距离。

实景照片

▲ 欧式建筑照片

4.6.2 建筑体块分析

对体块的深入分析有助于对建筑本质的理解，能帮助绘图者与设计者对建筑进行切割、组合和穿插。

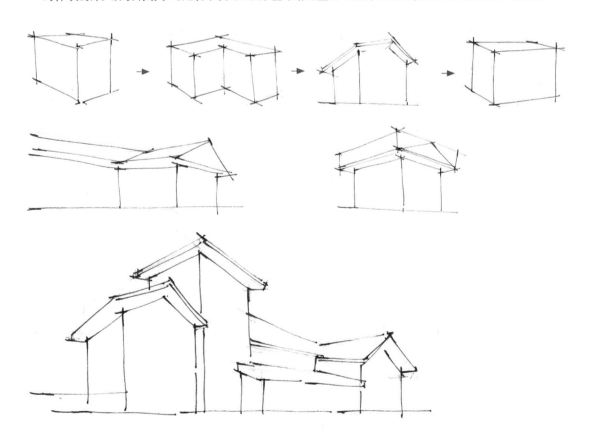

4.6.3
草图分析

　　1. 在欧式建筑或中国古建筑中，除了用建筑符号来体现建筑的特征外，还可用环境来体现建筑的年代感，高大的植物还可以拔高建筑，使空间感更强。

　　2. 植物的种类应尽量丰富，有高低差别，使画面有层次感。

4.6.4
确定透视比例

　　01　铅笔稿的第一步是先确定建筑的透视——两点透视。

　　02　确定好两个灭点的位置，地平面和视平线可以近似成一条线，横向所有的结构线与两个灭点相连。

　　03　要考虑体块间的比例穿插。

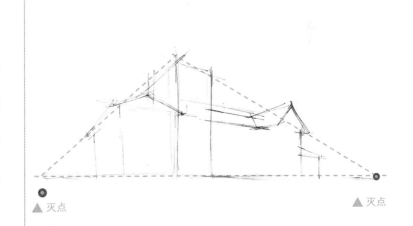

▲ 灭点　　　　　　　　　　　　　　▲ 灭点

4.6.5
添加环境 1

　　01　环境的添加要与建筑风格统一。

　　02　植物要有高、中、低及远景、中景、近景之分。

　　03　人物是建筑体量的标尺，在画面中必须添加。

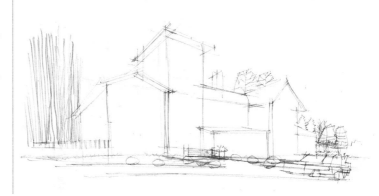

4.6.6
建筑细节

01 对建筑的窗户、门洞、厚度等细节结构区进行铅笔定位。

02 建筑屋顶下的结构细化要考虑透视关系。

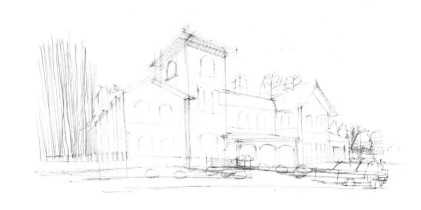

4.6.7
勾勒结构线

01 对建筑的轮廓进行勾勒，对透视、结构进行微调。

02 太长的线要适当断开，使建筑有一定的年代感。在欧式建筑、古建筑中，线不能画得过直。

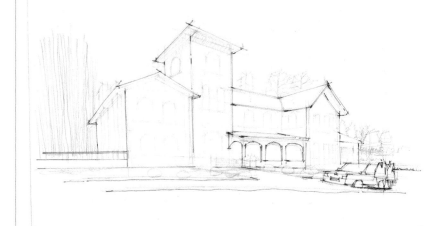

4.6.8
结构勾勒

01 对窗户、结构进行勾勒，并对前景植物进行刻画。

02 所有的结构都要有厚度的体现，以增强建筑的立体感。

4.6.9
添加环境 2

01 对建筑环境进行刻画，植物层次要丰富。

02 植物的添加有大、中、小以及远、近的结合。

4.6.10
体现建筑特征

01 对建筑的背景进行简要刻画表达即可，无需太详细，不然会影响建筑的整体效果。

02 越是建筑细节的地方，越要刻画清楚，不能因为面积小而刻画不够。

4.6.11
投影处理

01 对窗户玻璃的刻画要有变化，投影的区域要规定一定的范围。

02 投影、玻璃的刻画都需要变化，不能画得太闷。

4.6.12
暗部处理

01 暗部的处理要有虚实变化,当暗部的排线遇到构筑物时要避开。

02 暗部的排线取最短距离原则。

4.6.13
整体调整

01 加深入口道路的排线,突出建筑的入口。

02 把明暗交界线区域加深。

完成图

4.7 本章练习

01 照片分析: 本图为欧式别墅, 在处理时注意表面材质的表达和屋顶结构的处理。注意周围的环境也不能忽略掉, 要简单的表现出来。

02 草图分析: 先概括性地勾勒出别墅的结构特点, 再有主次地表现出配景之间的关系, 注重环境对建筑的烘托很重要。

03 铅笔定形: 注意地面的细节刻画和建筑特点的塑造, 通过丰富的周边环境来烘托别墅的氛围。

04 完成效果图: 刻画石材时注意亮面石块少, 暗部石块多, 阴影线注意虚实变化。整个别墅的体积感才能表现到位。

完成图

第 05 章

马克笔和彩铅技法

5.1 马克笔属性

马克笔是各类专业手绘表现中最常用的工具之一。马克笔的颜色鲜亮而透气，溶剂多为酒精和二甲苯，颜料附着于纸面，颜色可以多次叠加。马克笔的优点在于：它是一种快速、简洁的渲染工具，使用方便且颜色保持不变，可以预知。在设计构思与效果图快速表现时，需要运用马克笔大胆、强烈的表现手法。

目前市场上有很多品牌的马克笔，在购买时要观察、感受它的笔头。一般来说，优质的马克笔的笔头制作精细，比较硬朗，用手去捻不会有太多的颜色渗出，出水均匀，没有刺鼻的气味，颜色与显示的号码符合。我们在选取马克笔时一般不会选择单一的牌子，要找出各个品牌最适合自己的号，不要被他人的一些上色色号及技巧影响，要按自己对色彩的理解进行搭配。

5.1.1 建筑、规划专业建议马克笔号

建议初学者使用韩国产TOUCH 5代、国产凡迪配合使用。因为它们的性价比高，适合初学者练习，等熟练后再使用更好的马克笔。在颜色的选择上按照色相、明度、色彩的冷暖关系进行搭配。下面提到的马克笔号只是一部分，没有列全。

T:表示韩国TOUCH5代　　　　F:表示凡迪

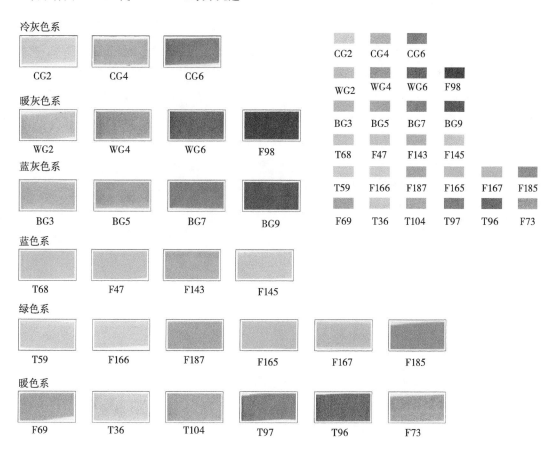

冷灰色系
CG2　CG4　CG6

暖灰色系
WG2　WG4　WG6　F98

蓝灰色系
BG3　BG5　BG7　BG9

蓝色系
T68　F47　F143　F145

绿色系
T59　F166　F187　F165　F167　F185

暖色系
F69　T36　T104　T97　T96　F73

CG2　CG4　CG6
WG2　WG4　WG6　F98
BG3　BG5　BG7　BG9
T68　F47　F143　F145
T59　F166　F187　F165　F167　F185
F69　T36　T104　T97　T96　F73

5.1.2
建筑、规划专业建议彩铅号

建议购买辉柏嘉牌彩铅，因为这个品牌的彩铅可以每个颜色单买。C表示彩铅。

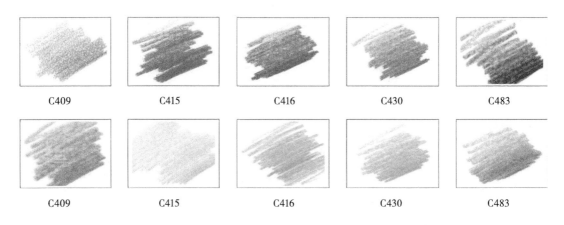

| C409 | C415 | C416 | C430 | C483 |

| C409 | C415 | C416 | C430 | C483 |

提示

上面的号码只是我们建议的号，可以增加或者减少，根据自己的喜好来定。切忌过于鲜艳的颜色，因为不便于和其他的颜色搭配。

5.1.3
马克笔使用中常出现的问题及错误

技法视频：马克笔上色易出现的错误及上色原则
使用说明：移动终端（手机、平板电脑）

用户可扫描二维码观看课程视频

1 上色易扩出去。出现这样的问题第一是纸太粗糙、易吸水；第二是笔太新，水太多。

建议：尽量选取面比较光滑的纸，特别是参加考试的读者千万不要使用太新的笔。

2 握笔姿势不正确，画出的线不规则。

3 运笔太慢，容易超出边缘，同时会造成画面太闷。

4 下笔太重，起笔、收笔容易出轮廓线。

 ◀正确画法

 ◀错误画法

5 运线停顿，会造成画面凌乱。

6 飘线，初学者慎用。

5.1.4
马克笔三技法

马克笔上色的要诀是：轻、准、快。

▲轻：笔与纸接触的时候力度要像抚摸小孩的皮肤一样，同时手握笔的力度要轻

▲准：起笔收笔要与所画的物体结构对齐。从起笔到收笔，不能犹豫和停顿，同时起笔时马克笔的笔头必须与物体结构对齐

 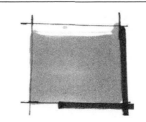

▲速度快，画面透气　　　　▲速度慢，画面闷

  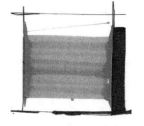

▲从上往下渐变　　　　▲从下往上渐变　　　　▲从中间往两侧渐变

▲快：马克笔运笔时一定要快，这样画出来的画面才不会太闷

  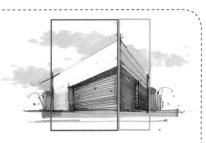

▲画面留白　　　　▲画面上色虽然已满，但有渐变关系

提示

画面上色不能满。

5.1.5
马克笔笔触属性

马克笔笔头的特点如下。

韩国 TOUCH

国产凡迪 FANDI

韩国 TOUCH

国产凡迪 FANDI

▲平躺运笔时画线起笔、收笔能与结构线对齐，线条清晰

韩国 TOUCH

国产凡迪 FANDI

▲窄笔头能画出较细的线条，常在卡位、结构线的位置上用到

韩国 TOUCH

国产凡迪 FANDI

▲细笔头一般不用除非着色区域太小，因为画出的线太细易造成画面乱

韩国 TOUCH

国产凡迪 FANDI

▲斜拉笔触是上色中最常用的方法，一般用来大面积铺色

5.1.6
马克笔线条

直线 手臂整体向右且用力均匀，快速拉动。起笔、收笔不要长时间停留，不然马克笔的颜色会超出轮廓线。

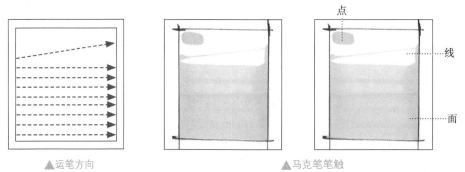

▲运笔方向　　　　　　　　　　　▲马克笔笔触

竖线 手臂整体向下且用力均匀,快速拉动。这种线容易倾斜,因此手指不能随着笔的运动而运动。

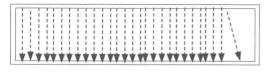

▲运笔方向

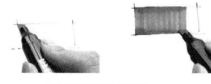

▲韩国TOUCH运笔姿势

▲马克笔笔触

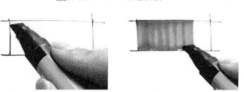

▲国产凡迪运笔姿势

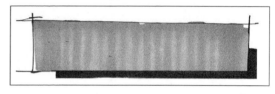

▲马克笔笔触

斜上线 马克笔笔头与结构线对齐,向上推动。画不同的斜线时笔头要进行调整。

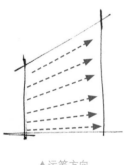

▲运笔方向

▲握笔姿势

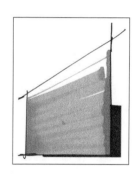

▲马克笔笔触

斜下线 马克笔笔头与结构线对齐,向下拖动。画不同的斜线时笔头要进行调整。

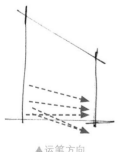

▲运笔方向

▲握笔姿势

▲马克笔笔触

斜推线 斜推线是最难画的排线之一,握笔要倾斜,马克笔笔头与结构对齐,顺透视方向推动。

▲错误,未与结构线对齐

▲运笔方式

▲马克笔笔触

斜拉线　斜拉线是最难画的排线之一，握笔要倾斜，马克笔笔头与结构对齐，顺透视方向拉动。

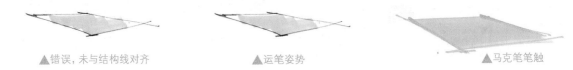

▲错误，未与结构线对齐　　　　▲运笔姿势　　　　　　　　　　▲马克笔笔触

循环线　循环线是植物表现中常用的一种，要成组，角度要有变化。

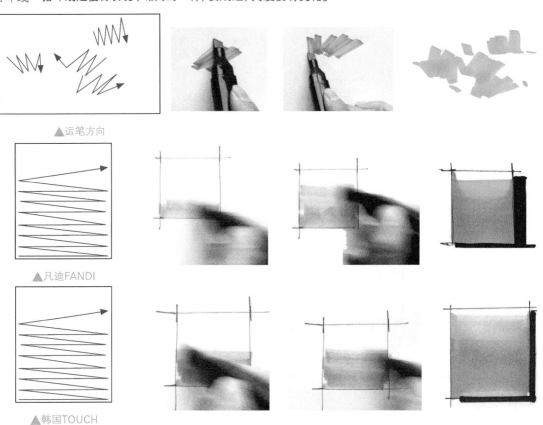

▲运笔方向

▲凡迪FANDI

▲韩国TOUCH

边缘处理　在一些严格的画面中可以使用纸胶带粘住结构线，再运用马克笔，这样边缘会特别整齐；或者在场景中用后面的重色压前面超出部分的颜色。

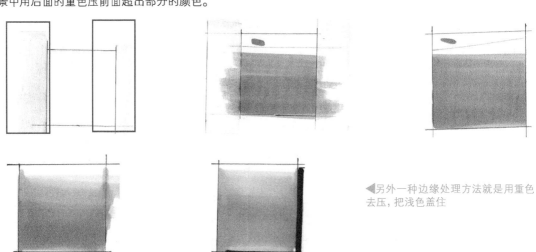

◀另外一种边缘处理方法就是用重色去压，把浅色盖住

5.1.7
马克笔体块明暗关系

马克笔体块上色首先是光影关系，又叫明暗关系，分为亮部、灰部、暗部和投影。

亮部　亮部的上色由周围环境的影响及材质本身的反射程度来决定，亮部的笔触表现为垂直线亮部处理和飘线亮部处理。

　　·垂直线亮部处理：表现反射、折射较强的材质。

　　·飘线亮部处理：表现一些面较小的区域及漫反射的材质。

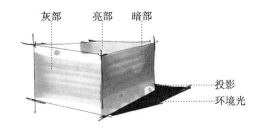

垂直线　　　　　　　　　　　飘线（在与笔头一样宽的地方开始画飘线，速度要快）

灰部	暗部
灰部是从中间向两边过渡，面不能满，灰部和暗部一定要有连续性。	在处理上要注意过渡，同时注意环境光的影响。为了避免暗部的闷，一般在画第一遍颜色时是从中间向下过渡，上部留出来给重色。

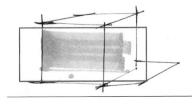
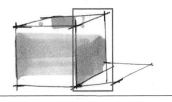
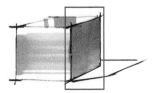

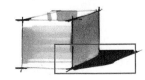

投影

投影一般是画面中最重的区域。

5.1.8
马克笔体块上色

下面介绍马克笔体块上色在建筑规划中的运用。在建筑规划专业的效果图绘制中，体块的灰部、暗部的渐变过渡一般是从下往上的，这样就与我们对常规暗部处理的讲解有一定的冲突。建筑规划专业的暗部是下重上浅的渐变，这样处理使得建筑显得沉稳、厚重。

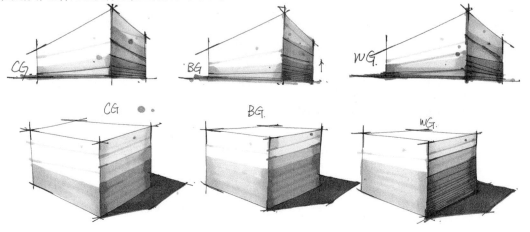

5.1.9
马克笔体块叠加运笔

马克笔叠加是手绘中最常用的一种方法，是体现空间感、层次感和对比的最好方式。往往是在第一次铺色以后再铺上一层或者两层，这要根据实际画面的需要来决定。

常见错误

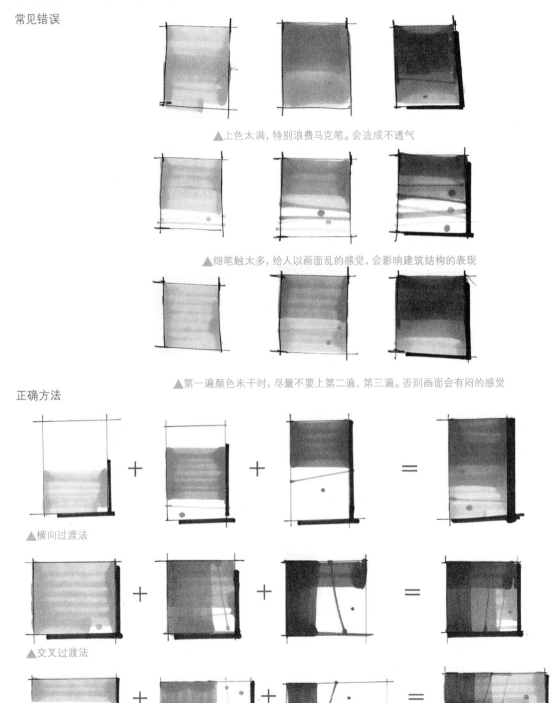

▲上色太满，特别浪费马克笔。会造成不透气

▲细笔触太多，给人以画面乱的感觉，会影响建筑结构的表现

▲第一遍颜色未干时，尽量不要上第二遍、第三遍。否则画面会有闷的感觉

正确方法

▲横向过渡法

▲交叉过渡法

▲交叉过渡法

▲竖向过渡法

　　颜色叠加一般是先上浅色，再上过渡色，最后上重色。每个层次的颜色不要重叠的区域太多，否则易造成浪费和画面闷。

◀颜色叠加的案例

▲颜色叠加的案例

5.2 马克笔体块

马克笔体块上色首先要考虑光影关系,包括亮部、灰部、暗部、投影。同时还要考虑体块间的相互关系及体块与环境之间的关系,体块间的搭配:浅色—重色、冷色—暖色。

5.2.1 体块光影

体块的光影除了亮部、灰部、暗部和投影四部分,还应该有环境色的影响,这样可以使体块与环境的过渡显得更加自然。对组合体块一般使用色差较大的马克笔,让组合体块的对比更加强烈。每个面的留白区域可用相应的马克笔进行过渡。

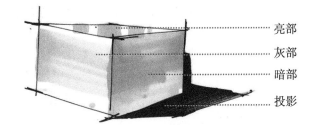

亮部
灰部
暗部
投影

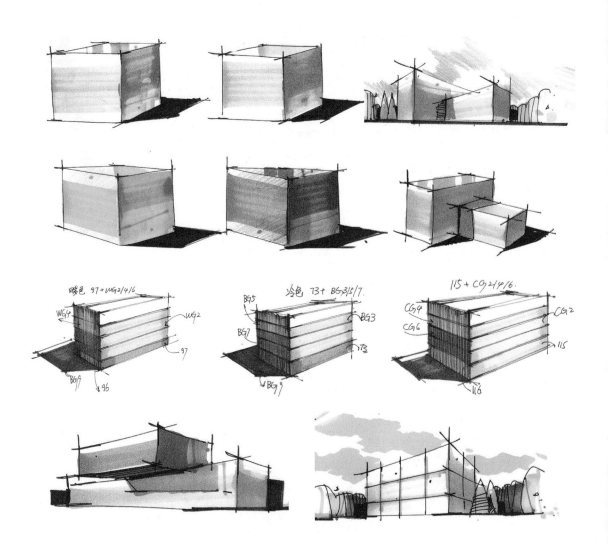

5.2.2
体块应用

　　马克笔的体块训练基于体块上色,通过体块的练习可以让手绘者在塑造形体及材质搭配上有很大的提高。不同体块马克笔的笔触要随体块的变化而变化,投影可强化体块转折与厚重感。

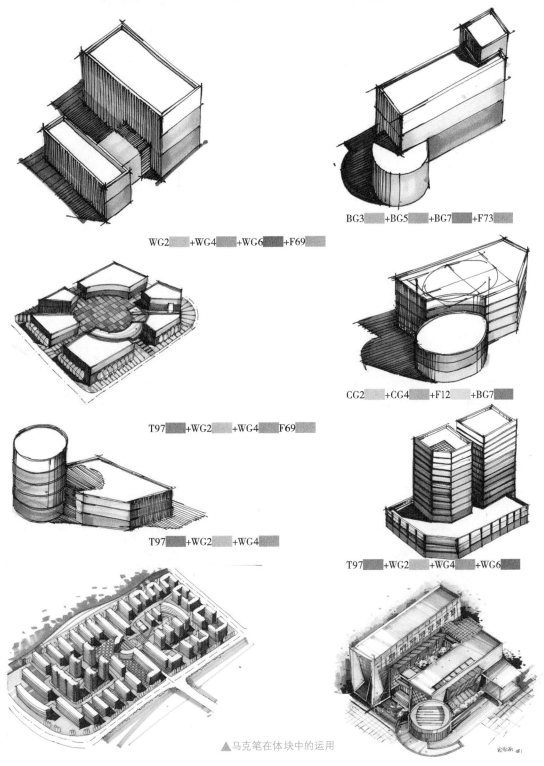

WG2　　+WG4　　+WG6　　+F69

BG3　　+BG5　　+BG7　　+F73

T97　　+WG2　　+WG4　　F69

CG2　　+CG4　　+F12　　+BG7

T97　　+WG2　　+WG4

T97　　+WG2　　+WG4　　+WG6

▲马克笔在体块中的运用

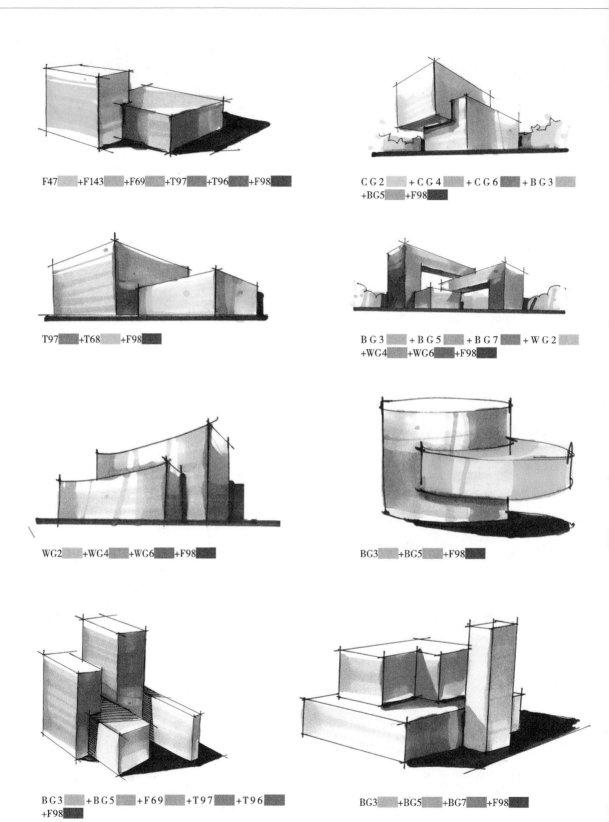

F47 +F143 +F69 +T97 +T96 +F98

C G 2 + C G 4 + C G 6 + B G 3
+BG5 +F98

T97 +T68 +F98

B G 3 + B G 5 + B G 7 + W G 2
+WG4 +WG6 +F98

WG2 +WG4 +WG6 +F98

BG3 +BG5 +F98

B G 3 + B G 5 + F 69 + T 97 + T 96
+F98

BG3 +BG5 +BG7 +F98

▲马克笔在体块中的运用

5.3 马克笔材质

用马克笔表现材质是一幅图的基础，不同材质的颜色搭配也不同。对于材质不能完全按照画面或者实景的颜色来搭配，我们可以根据自己对色彩的理解来调节画面，就像玻璃可以不用蓝色系、植物可以用红色系等。如果要按照实景上色，就应考虑颜色搭配色差问题，可以适当调节色相的明度，让画面和谐。

5.3.1 易出现的错误

易出现的错误是色相不对。例如，看见大红色的墙面或者顶面，就直接使用大红色。遇到这种情况，要降低它的明度，一般在处理上是用WG的色系加红色的彩铅，或者是T9加彩铅。

▲多种颜色叠加，画面闷、脏

5.3.2 常见材质与表现

在建筑画中，建筑物本身材质的种类并不多，通常是以玻璃、石材、木材、砖、混凝土为主。下面所提到的马克笔的色号只是基本号，可以根据实际情况添加色号。

技法视频：木材画法
使用说明：移动终端（手机、平板电脑）

用户可扫描二维码观看课程视频

白色墙面材质

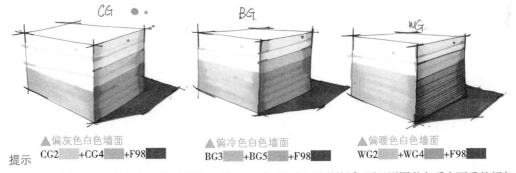

▲偏灰色白色墙面　　　▲偏冷色白色墙面　　　▲偏暖色白色墙面
CG2　+CG4　+F98　　　BG3　+BG5　+F98　　　WG2　+WG4　+F98

提示　白色墙面偏什么颜色是根据整体的颜色来搭配的。如果对比不强的话，可以用同种色系中更重的颜色来突出对比。

木材质

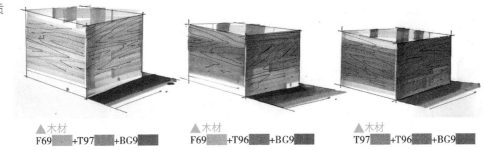

▲木材　　　　　　　　▲木材　　　　　　　　▲木材
F69　+T97　+BG9　　　F69　+T96　+BG9　　　T97　+T96　+BG9

玻璃材质

方案一：T67 ▢ +T76 ▢ +F143 ▢

方案二：F47 ▢ +T77 ▢ +F143 ▢

土坯

方案一：F205 ▢ +F12 ▢

方案二：F201 ▢ +F12 ▢

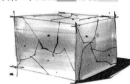

青砖材质

灰部：F205 ▢ +BG3 ▢ +CG2 ▢ +WG3+BG5

暗部：BG3 ▢ +BG5 ▢ +CG4 ▢ +WG5+BG7

红砖材质

灰部：F205 ▢ +F12 ▢ +F95 ▢ +F69 ▢ +WG2 ▢

暗部：F12+F69 ▢ +T97 ▢ +WG4 ▢ +CG4 ▢ +BG5 ▢

技法视频：水的画法
使用说明：移动终端（手机、平板电脑）
用户可扫描二维码观看课程视频

静态水

T67 ▢ +T77 ▢ +T76 ▢ +高光

动态水

方案一：T67 ▢ +T77 ▢ +T76 ▢ +高光

方案二：F47 ▢ +T77 ▢ +F143 ▢ +高光

鹅卵石

T25 ▢ +BG3 ▢ +BG7 ▢

草地

F25 ▢ +F166 ▢ +F167 ▢

5.3.3 常见材质搭配

墙面上色

木材：F69 ▢ +T97 ▢

白墙：CG2 ▢ +CG4 ▢ +CG6 ▢

墙面：BG3 ▢ +BG5 ▢ +BG7 ▢ +BG9 ▢

天空：T67 ▢ ，植物：T59 ▢

木材：F69 ▢ +T97 ▢

玻璃：T67 ▢ +T77 ▢ +T76 ▢

墙面: BG3　+BG5　+WG2　+WG4

植物: F165　+F185

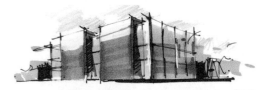

木材: F69　+T97　植物: F165　+F185

玻璃: T36　+T67　+T76

门窗上色

玻璃: T67　+T76　+BG5

玻璃: T67　+T76　+BG5

木材: T97

玻璃: T 6 7　+ T 7 6

+BG5

墙面: BG3　+BG5

玻璃: F198　+F143　+T59

墙面: BG3　+BG5　+BG7

玻璃: F198　+T76　，植物: T59

墙面: BG3　+BG5

玻璃: F198　+F143　+T76　+T59

墙面: BG3　+BG5　+BG7

玻璃: F198　+T76　，植物: T59

墙面: BG3　+BG5　+BG7

玻璃: T68　+T76　+T59

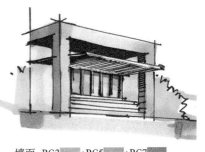

墙面: BG3　+BG5　+BG7

玻璃: F198　+T76　，植物: T59

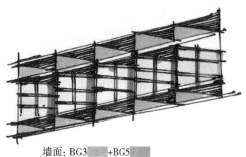

墙面：BG3＋BG5

玻璃：F198＋T76

墙面：BG3＋BG5＋BG7

玻璃：T68＋T67＋T76

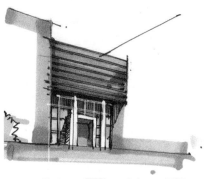

墙面：BG5，　玻璃：T68＋T67＋T76

木材：T97＋T96

墙面：BG5，玻璃：T67＋T76

木材：T97，植物：T59

墙面：BG3＋BG5＋BG7

玻璃：F198＋T76＋T62，植物：T59

墙面：BG3＋BG5＋BG7

玻璃：T67＋T76

墙面：BG3＋BG5＋BG7

玻璃：F198＋T76，植物：T59

墙面：BG3＋BG5＋BG7

玻璃：T76＋BG7，植物：T59

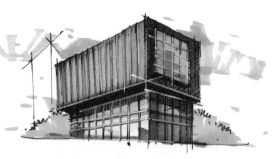

墙面：T97＋T96，玻璃：T68

＋T67＋T76

植物：T59，天空：F145

5.4 天空画法

在线稿图中，天空是否需要，是由建筑画的构图来决定的。不同的建筑体及建筑画的用线选择不尽相同，也没有统一的标准。需要上色的建筑画在线稿中可以不画天空。线稿中的天空一般是在线稿的最后一步进行的，这对作者的艺术修养有一定的要求。

5.4.1 彩铅天空

循环线天空

在天空与建筑的交接处循环绕线，按"S"形或"Z"形从密到疏、从宽到窄。

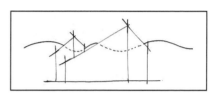

▲ 天空上色的画法一般是呈"S"形或"Z"形

绕线方式

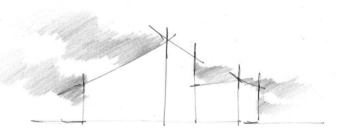

▲适合建筑线条比较工整或者结构不丰富的建筑

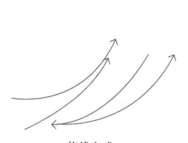

绕线方式

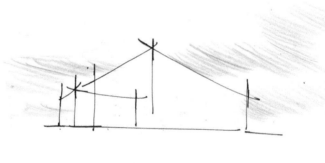

▲适合建筑线条较潇洒或结构简单的建筑

乱线天空

由不规则的线条组成。

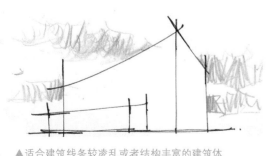

▲适合建筑线条较凌乱或者结构丰富的建筑体

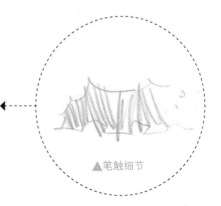

▲笔触细节

5.4.2
马克笔天空

马克笔天空是在需要大面积对比的情况下采用，或者在表现不同的时间、地理位置时使用的一种方法。

技法视频：天空的画法
使用说明：移动终端（手机、平板电脑）

用户可扫描二维码观看课程视频

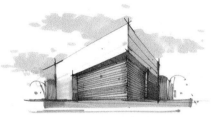

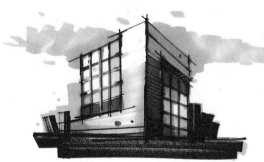

▲ 不同天空的画法

5.5 马克笔——植物上色

植物是建筑的重要配景，它在画面中起到一个过渡的作用。植物的颜色不能强于建筑的颜色。植物的上色要注意笔触方向及前后关系的表达。

技法视频：植物上色
使用说明：移动终端（手机、平板电脑）

用户可扫描二维码观看课程视频

5.5.1 简单植物上色

简单植物上色常用于建筑画、规划作品中，体现出明暗关系即可。植物颜色的层次要拉开。

以下这些植物可以用于立面图、效果图中。画面中的植物并不是全都需要上色，应根据画面的需要来决定。相近的或者同种植物，后面植物的上色要重，这样可以拉开空间的层次。

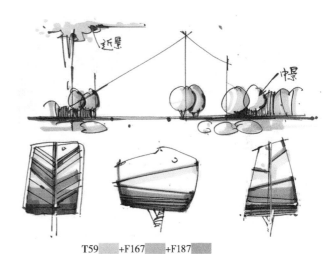

T59 +F167 +F187

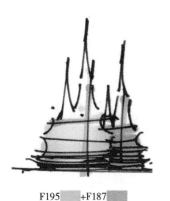

F195 +F187

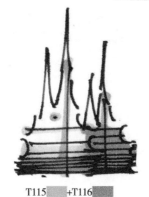

T115 +T116

WG2 +WG4

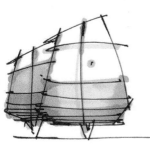

F195 +F187

T115 +T116

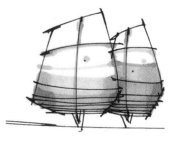

WG2 +WG4

▲ 不同植物的画法

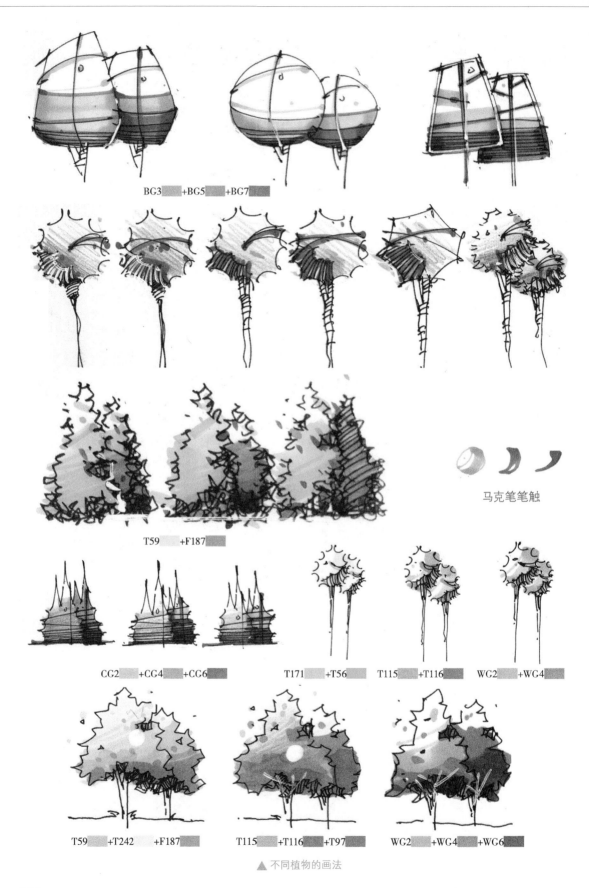

BG3 +BG5 +BG7

马克笔笔触

T59 +F187

CG2 +CG4 +CG6   T171 +T56   T115 +T116   WG2 +WG4

T59 +T242 +F187   T115 +T116 +T97   WG2 +WG4 +WG6

▲ 不同植物的画法

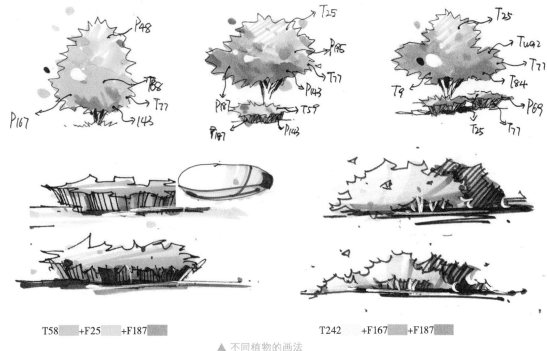

T58 ■■■ +F25 ■■■ +F187 ■■■　　　　T242 ■■■ +F167 ■■■ +F187 ■■■

▲ 不同植物的画法

5.5.2 复杂植物上色

当建筑上色不强时，一般用植物的上色来拉大对比。复杂植物上色需要的马克笔较多，且马克笔要过渡自然。

▲ 复杂植物的画法

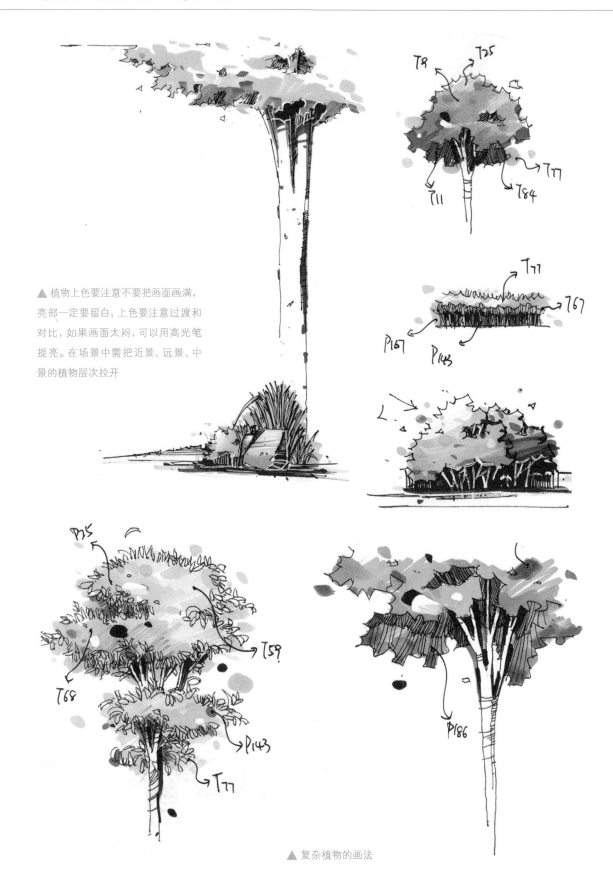

▲ 植物上色要注意不要把画面画满，亮部一定要留白，上色要注意过渡和对比，如果画面太闷，可以用高光笔提亮。在场景中需把近景、远景、中景的植物层次拉开

▲ 复杂植物的画法

5.6　马克笔快题字

快题字：画5cm×5cm规格方块，按照字体结构，字体左右、上下的宽度对方块进行分割，不同的画法都要保证上下左右是顶到头的。

技法视频：快题字写法
使用说明：移动终端（手机、平板电脑）

用户可扫描二维码观看课程视频

扣块勾线

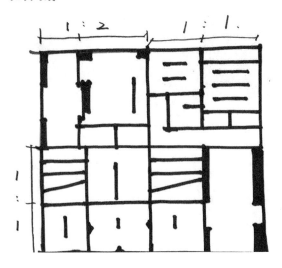
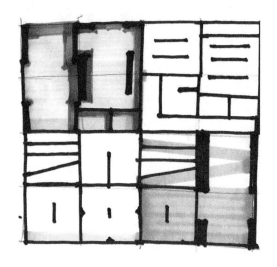

笔头固定形

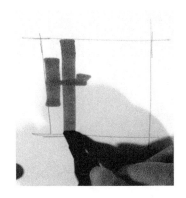
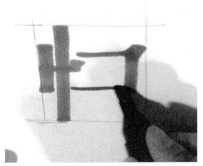

▲笔头不进行变化，随字体的走势而运动

轮廓勾勒形

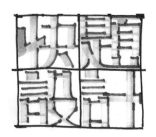

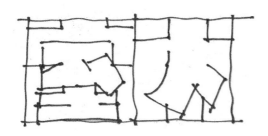

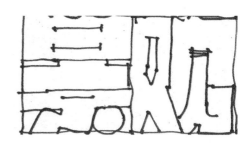

▲ 各种快题字的写法

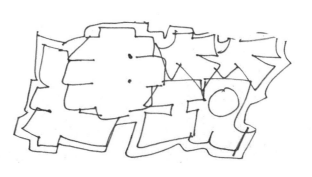

◀ 转动马克笔笔头可以画出不同的字体，掌握好一种即可

5.7 本章练习

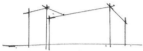

01 画出左右体块的关系。

02 接着用CG2 描绘出正面的浅色。

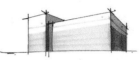

03 再用CG4 画出暗面的底色。

04 最后用CG6 画出暗面最重的部分。

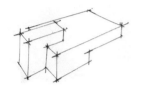

01 先画出体块的穿插关系。

02 然后用WG2 画出亮面的底色。

03 接着用WG4 绘制出暗面的颜色。

04 接着用F98 画出暗面和投影的关系。

01 先勾画线稿。

02 再用F73 和 T59 上色。

03 用F187 添加出树冠的颜色层次。

04 最后再用F185 、T68 和 73 调整颜关系。

01 先准确的画出树的外形和简单的体积感。

02 用T36 和 T68 给树和草铺底色。

03 用T39 给树叶画出厚重的层次感。

04 用T97 和 BG5 继续给树冠和树干上色。

第06章

建筑空间上色技法

6.1 综合色上色

图书馆是校园建筑比较有特色的建筑之一，建筑结构较复杂，体现了学校的建筑特征。建筑材质不怎么丰富，所以在上色方面要沉稳，颜色不能太花，光影关系处理要得当。

6.1.1 照片分析

1. 此建筑以灰色、玻璃为主，木材点缀。

2. 玻璃前、中、后太多，如何拉开玻璃的层次是难点。

3. 因为缺少前景、中景的植物，画面的整体感不强。

▲福建工程学院某建筑

6.1.2 线稿分析

1. 线稿在场地、植物、人物配景上进行了重构。

2. 增强了建筑与环境的结合。

更改的材质　　　　　　　　　添加的植物、场地

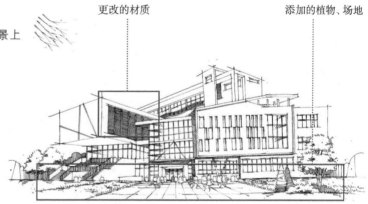

6.1.3 色稿分析

1. 玻璃和灰色的墙面是空间的主色调。

2. 木材可以使画面变得丰富。

3. 天空的处理使建筑不那么孤立。

暖灰系　　冷灰系　　　　暖色系　　　冷灰系

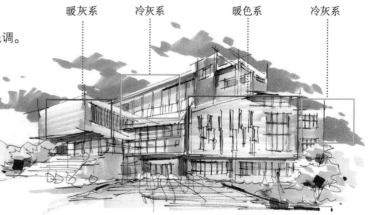

6.1.4
马克笔上色

01 玻璃第一遍上色。画面中所有的玻璃用T185▢▢▢通铺，不要把玻璃上满，预留出一部分区域，用以绘制玻璃的重色。前景与中景玻璃面的上色随后再加。

▲玻璃上色可以用
交叉法，但要留白

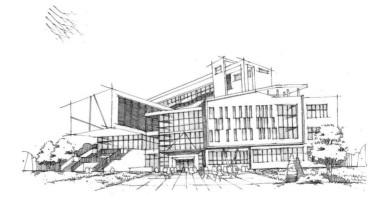

02 木材第一遍上色。画面中所有的木材用T97▢▢▢通铺，木材的面不能画满，不然木材便会显得不透气。笔触要随透视的方向进行运笔，起笔需与结构线对齐。同时把中间的体块用CG2▢▢▢进行上色。

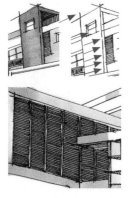

▲木墙上色可以用平涂法，
内部使用墨笔勾勒花纹

03 墙体第一遍上色。对中间突出的体块和最后面的体块进行上色，这两个体块的颜色调配，按照冷一暖一冷一暖的原则进行绘制。

04　草地第一遍上色。地面上色重要的是笔触，右边的区域用笔斜推，左边的用斜拉笔触，这样收边才会齐。颜色用T242███。

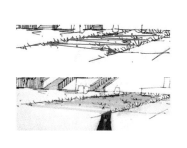

05　地面、远景植物第一遍上色。地面用T36███，八字形的地面必然会有一边马克笔与结构线对不齐，等第一次上色结束的时候加上一笔即可。远景的植物用F195███进行排竖线。

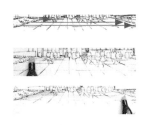

任何区域上色都要有点、线、面的结合，以及虚实的变化。点不能太多，否则容易造成画面乱

06　加深建筑体暗部，让建筑有立体感。这些面都比较小，运笔难度较大。在画的时候速度要快，不能超出轮廓线，特别是新笔水多，容易扩，速度更应加快。

▲斜推笔触是较难的线，实在画不好的话可以用纸胶带辅助，还要考虑颜色的过渡。分别用WG4███、CG4███进行绘制

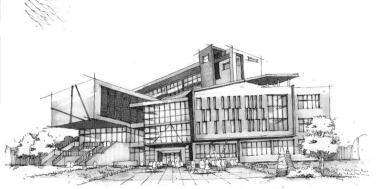

07 玻璃暗部与植物上色。在建筑的下部、玻璃暗部用T76████加深。前面剩下的植物用T58████。

在玻璃材质中添加T59████（浅绿色）让玻璃中有绿色，增强环境感

08 天空上色。马克笔天空上色是为了弥补构图不足而用，绘制时要成组，呈"S"形排线。采用斜推的循环笔触，切记点不能过多。

◀在玻璃上加些天空的颜色，使环境与建筑更加融洽

◀暗部、投影上色后如拉不开的关系，则再用深色突出光影关系

▲天空上色笔触应在建筑转折或者体块交接处，加强体现体块建筑

▲建筑的体块颜色较浅，所以天空使用深颜色来衬托建筑

09 整体调整。用F98 把投影加强，在一些结构因为马克笔上色而不清楚的时候或者亮部、暗部太闷的地方用高光笔提亮。

用T116 把地面加深，让地面有层次　　　　用T56 把植物、地面加深，让植物有变化

完成图

6.2 暖色系上色

山地建筑线稿的绘制要体现出山地建筑的特征，包括坡度的表现。在此照片中可以看出建筑视角张力不够，对建筑表现来说明显不够，还有就是根据自己对建筑的认知，绘制时在线稿处理上对材质及局部的构造进行调整。调整的方式因人而异，没有统一要求。

6.2.1 案例分析

1. 建筑主体和光线决定了颜色的主色调——暖色系，在暖色系中提供给我们的色号并不是太多，如何在有限的色号中来区分建筑体的材质及光影关系，下面就这张图进行分步骤讲解。

▲ 把透视角度夸张，增强建筑的张力，让建筑更加挺拔、高耸。前景增加一棵树作为收边植物，让空间更加有层次感

▲ 完成的线稿

2. 从体块光影关系分析，暗部选取原则是取最小面，这样就和照片的光线角度不一致，产生冲突时按照选取最小面的暗部选取原则进行绘制。

▲ 体块关系示意图

6.2.2 上色步骤

需要的马克笔号：

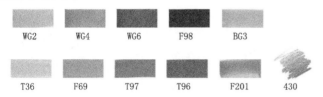

WG2	WG4	WG6	F98	BG3

T36	F69	T97	T96	F201	430

01 第一遍上色。根据前景树木的阴影进行绘制，注意按树叶的方向运笔。

前景树上色要把树叶层次和体块关系描绘出来

F201

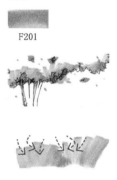

02 窗户上色。体块的亮部、灰部在同一色号上，按照玻璃的结构透视方向运笔。

玻璃上色不要上满，要留白，靠近四周墙体笔触要肯定

T36

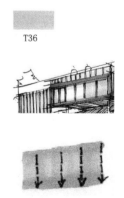

提示

任何区域上色都不能满。

03 玻璃体块暗部上色，根据玻璃转角的阴影，体块的亮部、灰部用同一色号，按照玻璃的结构透视方向运笔。

木材的暗部第一遍上色可以不管，或者上一部分

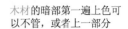

T97

▲ 与结构线对齐，通过手臂托动马克笔，速度要快，排线不易过满

04 楼梯踏步上色，根据石材的颜色进行上色。

踏步亮部不能上满，暗部笔头要与结构线对齐

BG3

05 墙面上色，根据墙面的石材颜色上色，要注意分清墙面与楼梯踏步的颜色变化。

▲ 顺透视排线，随着透视的变化笔头也要变化，起笔要和结构线对齐

06 背景植物和地面植被上色。根据植物的阴影变化上色，马克笔笔触按照透视方向运笔。

植物笔触用弧形，彰显植物的膨胀感

F201

07 加强暗部及投影关系处理和细部刻画，使画面和谐统一。增加植物配景上色来凸显建筑体。

▲ 收边植物的上色不宜太满，更多的是采用循环笔触，局部加深植物的暗部，使植物层次感更加丰富

08 整体空间调整。部分留白，结构不明确的地方用高光提亮。

天空的上色是在建筑结构处沿"S"或者"Z"形路径用循环笔触运笔，要点、线、面结合

430

暗部、投影对比要拉开，不然容易混淆，暗部上色用固有色系中最重的颜色，投影可以用F98，可使对比更强烈

F98

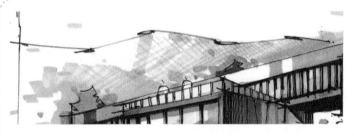

◀ 彩铅排线要短，多组排线，沿"S"形排线，过渡自然

▲ 山体在整个画面中是起辅助的作用，它的上色不能强于建筑体，一般是在建筑体的轮廓线处开始使用少量循环笔触进行过渡处理。再使用彩铅排线让画面过渡自然

09 山体上色。根据远近距离的变化进行浓淡处理，注意笔触要长一些，疏松一些。

山体及建筑颜色太艳，用冷色压一下，调节整个画面。以衬托出建筑的轮廓

BG3

10　前景植物上色。对画面整体色调、空间进行调整,部分留白,结构不明确的地方用高光提亮。

前景植物颜色要突出,用深灰色压一下,调节整个画面。以衬托出建筑的空间感

F98

6.2.3 植物画法　需要的马克笔号:

F69　　　　T97　　　　F201

01　勾勒线稿。

02　用F201画弧线区域,要留白。

03　用F69加强中间色过渡。

04　用T97上暗部,让物体更加立体。

01　勾勒线稿。

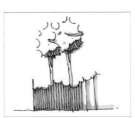

02　用F201画弧线区域,要留白。

03　用F69加强中间色过渡。

04　用T97上暗部,让物体更加立体。

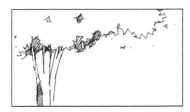

01　勾勒线稿,注意植物的明暗。

02　用F201画弧线区域,要留白。

03　用F69加强中间色过渡。

6.3 冷色系上色

为了让这张图整体感强，故在墨线部分就是用马克笔勾勒。其实冷色系上色也叫同色系上色，用3~4支笔画建筑、环境、地面、天空等，能把明暗关系表达清楚即可。

6.3.1 照片分析

1. 此建筑由四块不规则的体块构成。
2. 其中三个体块存在错落穿插，同时体块间比例不一，给透视处理带来难度。
3. 建筑全是玻璃材质，给空间表现增加一定的难度。

6.3.2 线稿分析

1. 狗视图中可以把地面线及视平线理解成一条线。
2. 体块上按照透视的原则把建筑的体块进行大致的划分。这一步要保证"心中有形才下笔"。BG5■■。

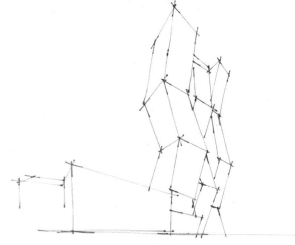

6.3.3 马克笔上色

01 对玻璃进行细分。这张图的玻璃材质分为两种表现，高耸的三个体块和低层的体块用排线来区分。楼层的排线要严格按照透视原则来处理。排线切记要有头有尾。BG5■■。

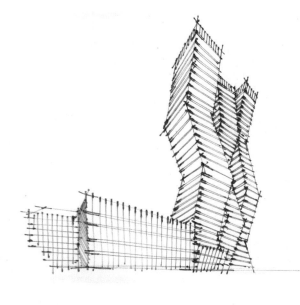

02 亮部铺色。在线稿结束后就对建筑整体上色。因大面积是玻璃的材质,所以绘制玻璃时我们一般选用冷灰色马克笔来表现。如用蓝色画建筑则太跳。整体上色每个面都不能太满。亮部: BG3███。

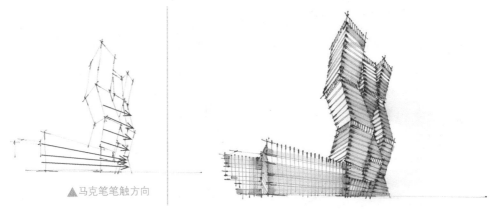

▲马克笔笔触方向

03 暗部上色。暗部体块斜度较大且面较小,马克笔墨色容易扩出结构线出现齿角,所以运笔速度要快,同时起笔必须与结构线对齐,运笔要随透视方向。BG5███。

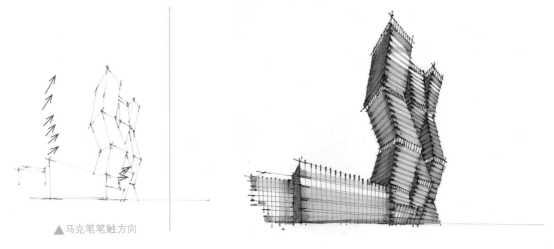

▲马克笔笔触方向

04 环境上色。环境配色明度不能强过建筑,环境上色时也要有前后层次。环境的添加尽量放在建筑的转折上,以加强建筑的表现。CG2███。

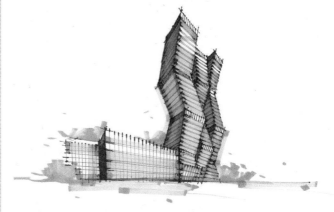

▲马克笔笔触方向

05　加强对比。给建筑体、环境暗部上重色来拉开画面的层次。

▲暗部画得太闷或者结构线不清的时候，可以用高光笔来明确结构线

▲在建筑与环境相交的地方，为了突出建筑在前，一般要用较重的颜色来拉开层次

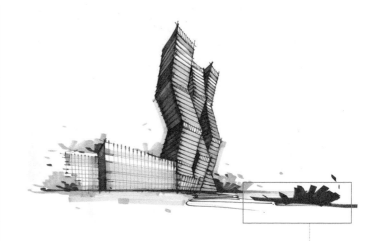

为了构图平衡，给画面的右前方增加前景植物。不用画植物的亮部、灰部，直接画暗部，不然画面会乱。F98　。

完成图

6.4 同色系上色

用同一种色系给建筑上色，是建筑与规划制图上色中最常用的方法之一。颜色较单一，但明暗关系、虚实变化不会受到影响。用马克笔勾勒建筑的线稿需要一定的积累，这种方法较为便捷。

实景照片

6.4.1 照片分析

1. 大部分体块以玻璃为主。

2. 场地我们可以进行更改。

3. 建筑的细部特征较少，这就要求绘制者对较少部分的细节要刻画清楚。

6.4.2 线稿分析

1. 确定透视，对建筑体块进行分割。

2. 体现不同材质，具体划分建筑楼层。

3. 对于太长的线条可以借助尺规绘制，但尽量徒手。

4. 太长的线可以分段画。

6.4.3 马克笔上色

01 整体铺色。用BG3 对建筑进行整体铺色，右面的暗部玻璃用BG5 从上至下飘线排列，使玻璃自然过渡。环境与地面用CG2 进行处理。

02 整体调整。用BG7████、F98████对建筑与环境进行加深,地面要重,给建筑稳定感。

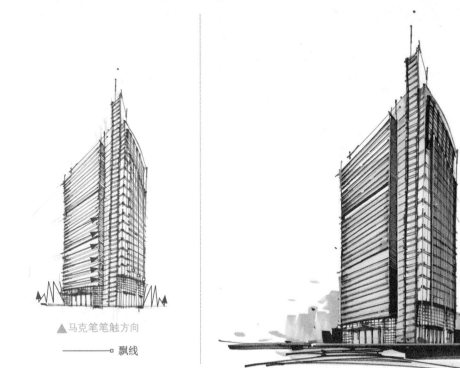

▲马克笔笔触方向

━━━━━━━━━━━━□ 飘线

03 天空处理。CG2████按"S"或者"Z"形对天空进行排线处理,在建筑转折或者结构处来绘制天空,在画面中衬托出来建筑。

▲马克笔笔触方向

▲在建筑的亮部区可以对局部的玻璃进行高光处理,以体现建筑的折射、反射

完成图

6.4.4
灰色系上色练习

01 整体上色。第一遍对建筑进行基础色上色，为了体现两种不同的材质，分别用BG3■■■■、CG2■■■■。

▲马克笔笔触方向

02 玻璃上色。对玻璃进行暗部、投影。玻璃上色不能画满，多留白来体现玻璃特殊的材质。BG5■■■■。

▲在不同材质体块交接的地方用重色来体现前后关系

03 整体第二遍上色。等第一遍干了，用稍重点的颜色
在体块交界的地方进行第二遍上色。CG4▨▨。

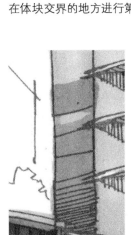

▲如果亮部体块间有前后
关系，可以用中间色在体
块交界处加深

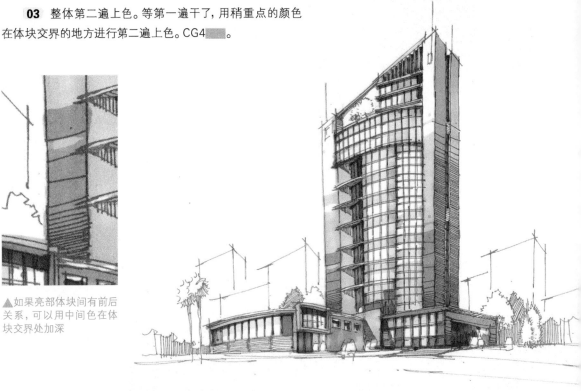

04 环境上色。用WG2▨▨▨对植物、地面进行上色，根
据植物的形体进行排线。

▲马克笔笔触方向

05 整体加深。根据画面的需要进行暗部加深，加大对比，在体块交界处适当用重色来拉开体块关系。

▲在亮部体块间拉不开时，可以用重色来拉开关系。

06 调整。整体画面进行调整，局部太闷区域用高光提亮，结构不清的地方再用墨线勾勒。

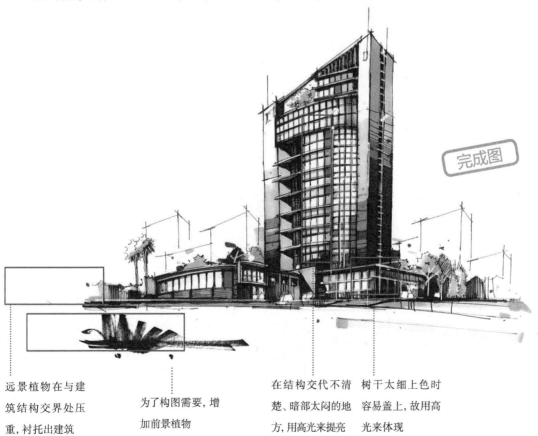

完成图

远景植物在与建筑结构交界处压重，衬托出建筑

为了构图需要，增加前景植物

在结构交代不清楚、暗部太闷的地方，用高光来提亮

树干太细上色时容易盖上，故用高光来体现

6.5 本章练习

　　这是典型的两点透视的效果图,主要是表现道路及构筑物在空间的运用。这种方式是我们快题考试、工作中最常用的方法。这需要设计者有很强的手绘表现功底及空间处理的能力,高层建筑因体量较小,造成天空留白较多。天空的处理在这张图中起到至关重要的。

01 照片分析:高层建筑在构图上是比较使人纠结的,因为它横、竖构图均可,用人物的高度衬托建筑高度。

02 透视定位:定好两个灭点,所有的体块严格遵循透视原则。

03 整体处理:用植物、人物、汽车来丰富画面。线稿的天空使横构图更加的平衡。

完成图

第 07 章

平立面、分析图表现技法

07

7.1 植物平面上色

植物平面上色的线稿阶段可以不需要画得太深入，一般来说三分形，七分色。不同植物平面马克笔笔触不一，把植物的立体感表达清楚即可。

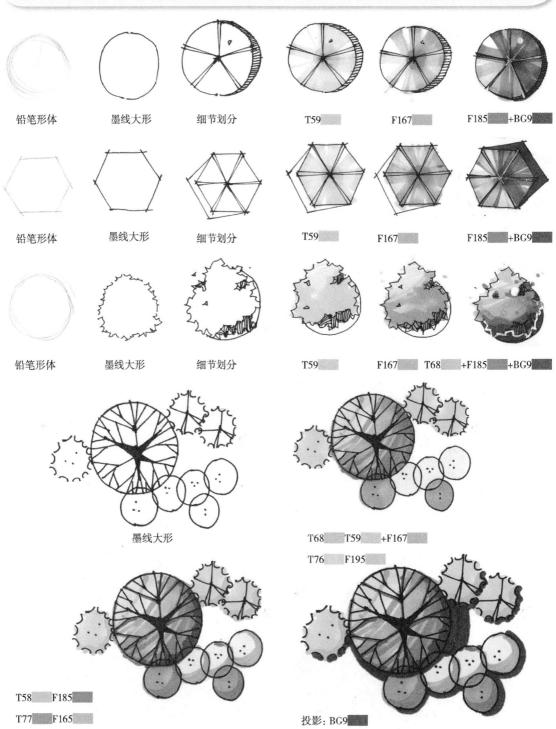

铅笔形体　　　墨线大形　　　细节划分　　　T59　　　F167　　　F185 +BG9

铅笔形体　　　墨线大形　　　细节划分　　　T59　　　F167　　　F185 +BG9

铅笔形体　　　墨线大形　　　细节划分　　　T59　　　F167　　T68 +F185 +BG9

墨线大形

T68 T59 +F167
T76 F195

T58 F185
T77 F165

投影: BG9

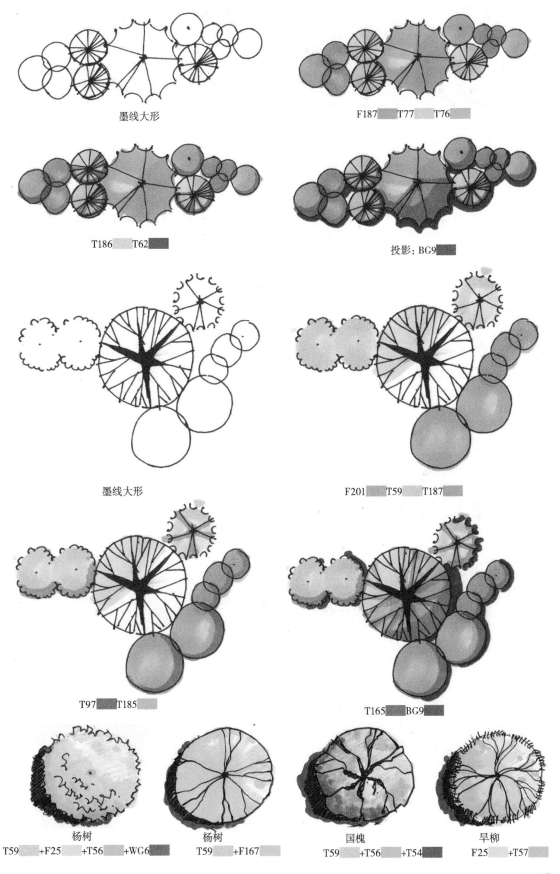

墨线大形

F187 ▨ T77 ▨ T76 ▨

T186 ▨ T62 ▨

投影：BG9 ▨

墨线大形

F201 ▨ T59 ▨ T187 ▨

T97 ▨ T185 ▨

T165 ▨ BG9 ▨

杨树
T59 ▨ +F25 ▨ +T56 ▨ +WG6 ▨

杨树
T59 ▨ +F167 ▨

国槐
T59 ▨ +T56 ▨ +T54 ▨

旱柳
F25 ▨ +T57 ▨

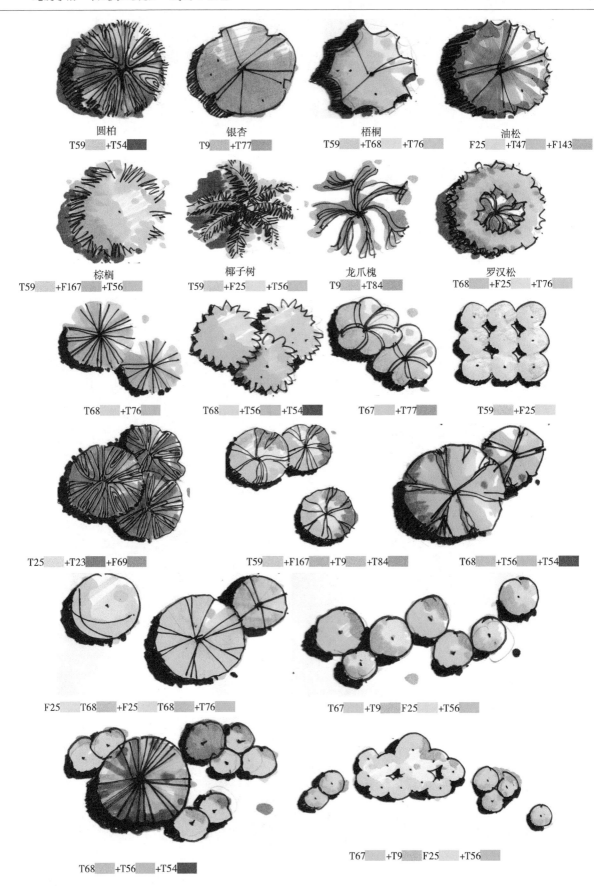

圆柏
T59 +T54

银杏
T9 +T77

梧桐
T59 +T68 +T76

油松
F25 +T47 +F143

棕榈
T59 +F167 +T56

椰子树
T59 +F25 +T56

龙爪槐
T9 +T84

罗汉松
T68 +F25 +T76

T68 +T76

T68 +T56 +T54

T67 +T77

T59 +F25

T25 +T23 +F69

T59 +F167 +T9 +T84

T68 +T56 +T54

F25 T68 +F25 T68 +T76

T67 +T9 F25 +T56

T67 +T9 F25 +T56

T68 +T56 +T54

7.2 建筑平面上色

建筑的平面上色较为简单，一般是利用环境上色来衬托出建筑，建筑本身根据画面的需要来确定上不上色，特别是建筑投影按景观光线、建筑的楼层、季节来确定投影的区域及区域的大小。投影是表现立体感最好的方式。

7.2.1 铅笔线稿

01 在草图方案确定以后，根据比例对草图平面在纸面上先通过铅笔进行大致的划分。

02 建筑与道路、环境的比例要合适，以其中一个物体作为参照物，其他的物体与之成比例。

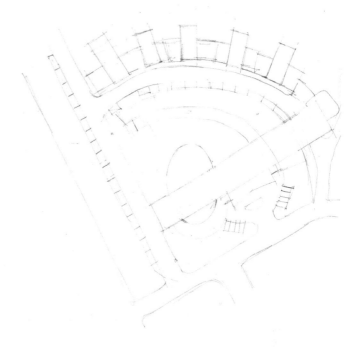

7.2.2 墨线勾勒

01 在勾勒墨线的时候要注意主体建筑与周围环境等其他构筑物的比例关系。

02 总平面图不要求画得过于详细，更多的是表现出地形与建筑、环境等的比例关系。

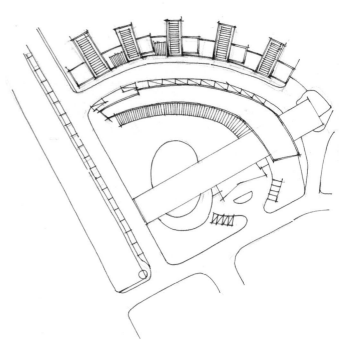

7.2.3
整体线稿调整

01 平面图的立体感通过投影来表现,不同高度的建筑体或者存在穿插等关系也是通过投影来表达的。

02 同时在总平面图上还要标注建筑的层数。

03 环境植物的大小要和周围的构筑物比例相协调。

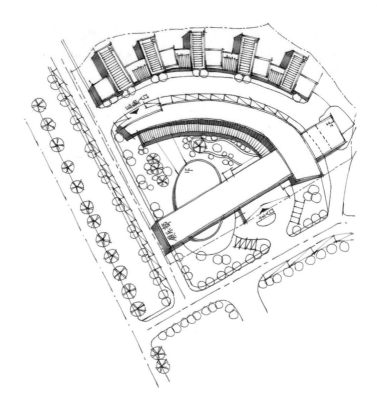

7.2.4
基准色上色

在给建筑总平面图上色时,建筑体一般不上颜色,而是通过环境的上色把建筑衬托出来,通过增大它们之间的对比,使画面感强烈。

草坪:T59

植物:T58

建筑投影:BG9

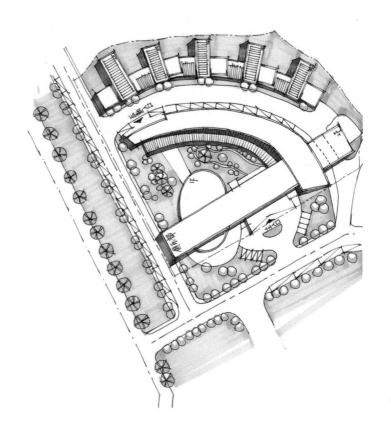

7.2.5
道路、水体等上色

　　道路的颜色是画面中最浅的，水体的上色使画面亮、透一些。

　　道路：CG2

　　水体：T67

　　建筑玻璃：T68

7.2.6
整体上色调整

　　加强整体的对比关系，主入口的地方用暖色WG2　来强调。

　　草坪：F187

　　水体：F143

　　建筑入口：WG2

　　地面铺装：T36

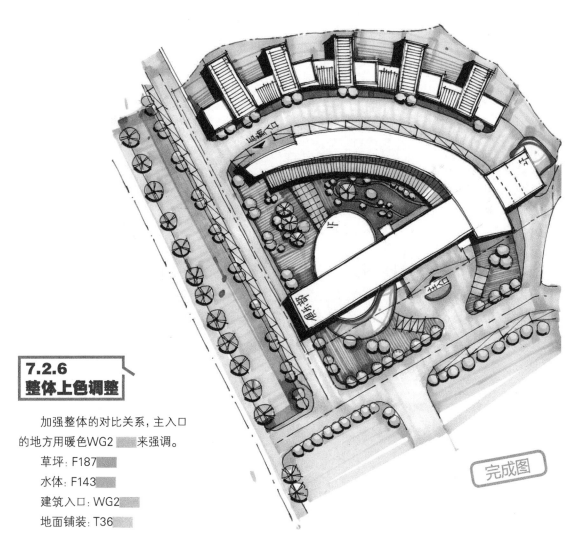

完成图

7.3 立面上色

立面上色一定要在材质上有区别，色相按照"冷—暖—冷"的原则进行搭配，在上色时从下至上由重到浅过渡，使建筑较沉稳。为了不让建筑太孤立，一般要添加植物丰富画面。

7.3.1 售楼处南立面

给玻璃、暖色墙面、木材、灰色大理石墙面上色，增加环境和天空。

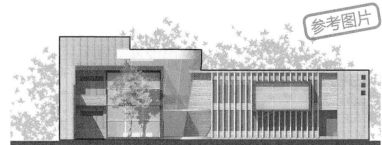

正立面图（西南）1:200

01 用铅笔大致勾勒出建筑立面的轮廓。

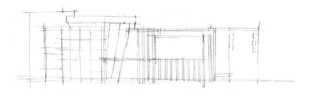

02 用墨线大致勾勒出建筑立面的轮廓。玻璃、木材、建筑结构进行细化。

03 基础色上色。
大理石：CG2 ；
木材：T97 ；玻璃：
T67 。

04 玻璃投影上色：
T76 。

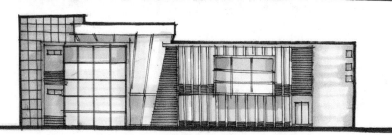

05 环境植物上色：
T59▨；大理石墙体加深：
CG4▨。

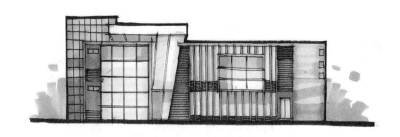

06 天空上色，用
F145▨在建筑的结构转
折及结构处按"S"、"Z"
形进行马克笔绕线。

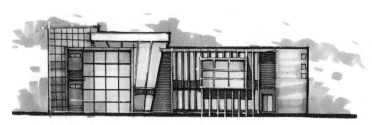

07 整体调整。

完成图

7.3.2 售楼处北立面

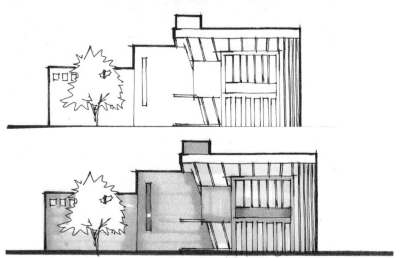

侧立面图（东南）1:200

01 用铅笔大致勾勒出
建筑立面的轮廓。对玻璃、木
材、建筑结构进行细化。

02 用基础色上色
大理石：CG2▨；
木材：T97▨；
玻璃：T67▨；
白色墙面：WG2▨。

03 给植物上色。

T59▮▮；白色墙面：WG4▮▮；玻
璃投影：T76▮▮；木材暗部：T96▮▮。

04 天空上色。F145▮▮。

05 暗部上色。

F187▮▮；

玻璃有植物的环境色：T59▮▮；

天空：F143▮▮。

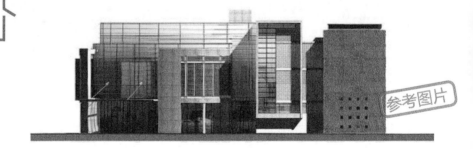

7.3.3 图书馆东立面

参考图片

01 用铅笔大致勾勒出
建筑立面的轮廓。对玻
璃、木材、建筑结构进
行细化。

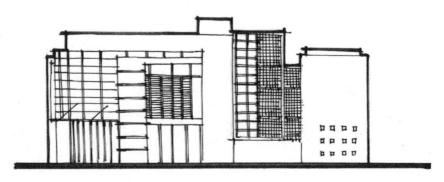

02 基础色上色。

墙面: CG2 ;

木材: T97 ;

玻工璃: T67 ;

暖色大理石: T36 。

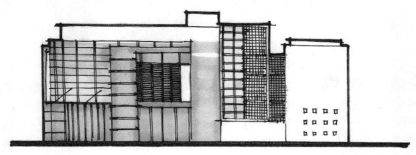

03 整体基础色上色。

玻璃再加上T76 。

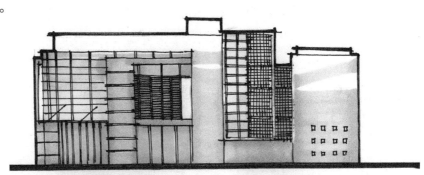

04 投影上色。

玻璃投影: BG7 。

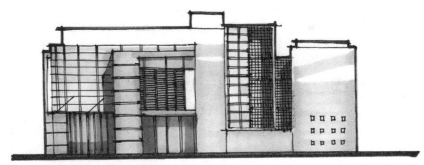

05 投影上色。

墙面投影: CG6 ;

玻璃: CG2 。

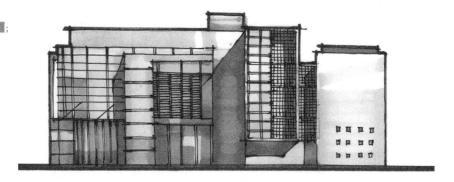

06 建筑体块整体调整。为了丰富玻璃的材质，添加T68▩▩。

暖色大理石：F69▩▩。

结构不明的地方用高光提亮。

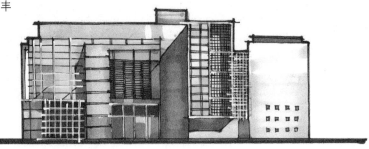

07 环境上色。

T59▩▩+F187▩▩ F165▩▩+F185▩▩；

天空上色：F145▩▩。

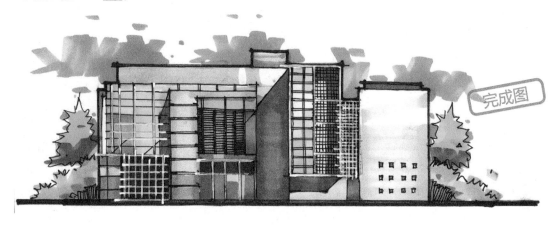

完成图

7.3.4 图书馆西立面

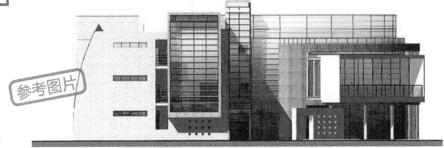

参考图片

01 用墨线勾勒出建筑立面的轮廓。对玻璃、木材、建筑结构进行细化。

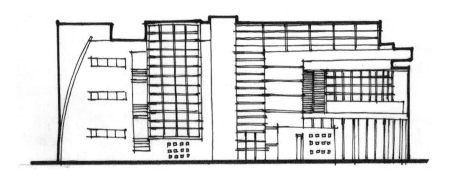

02 墙面：CG2；
玻璃：T67；
木材：T97；
暖色大理石：T36。

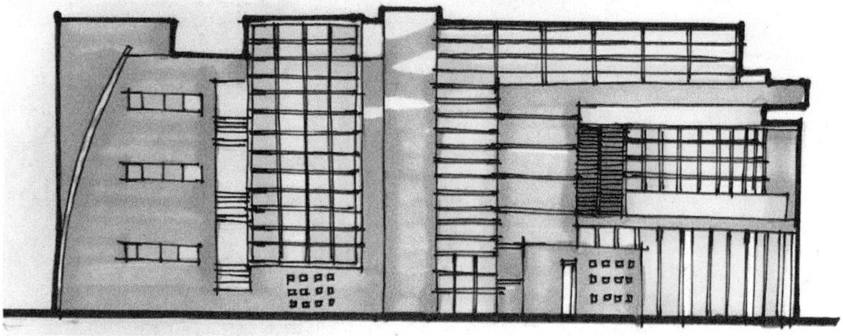

03 墙面投影：CG6；
玻璃：T68+BG5；
暖色大理石：F69。

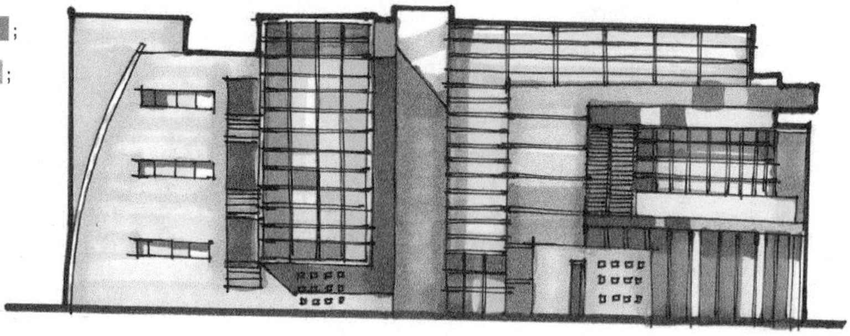

04 玻璃：T76；
木材投影：T96；
植物：T59。

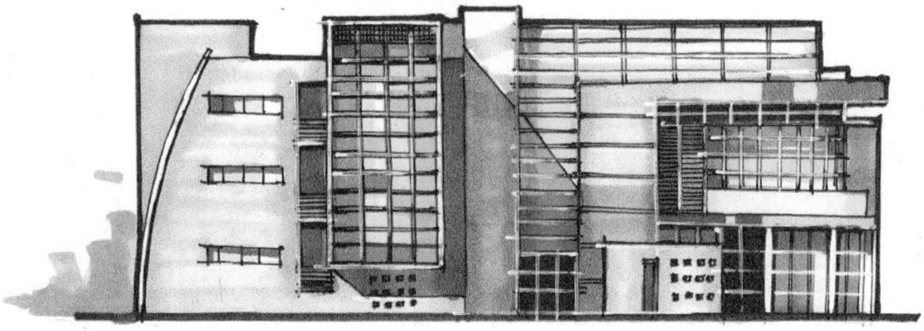

05 环境上色：T59+F187 F165+F185；
天空上色：F145。

完成图

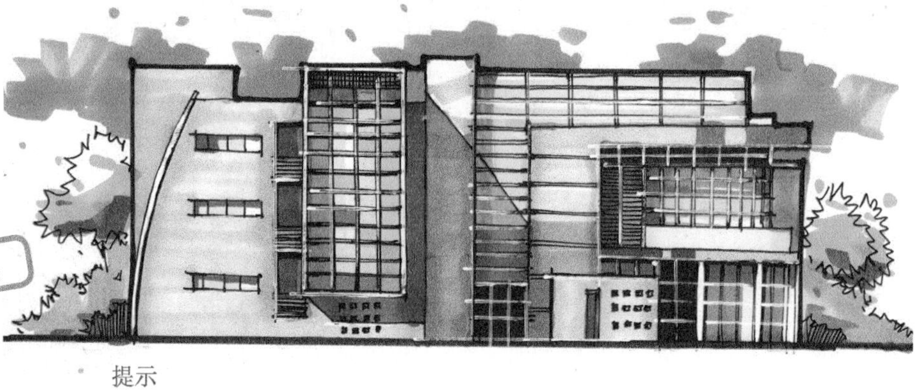

提示

建筑立面上色要注意拉开空间的层次。植物的上色、天空的上色是出于构图的需要，同时也是为了使建筑有很好的过渡。

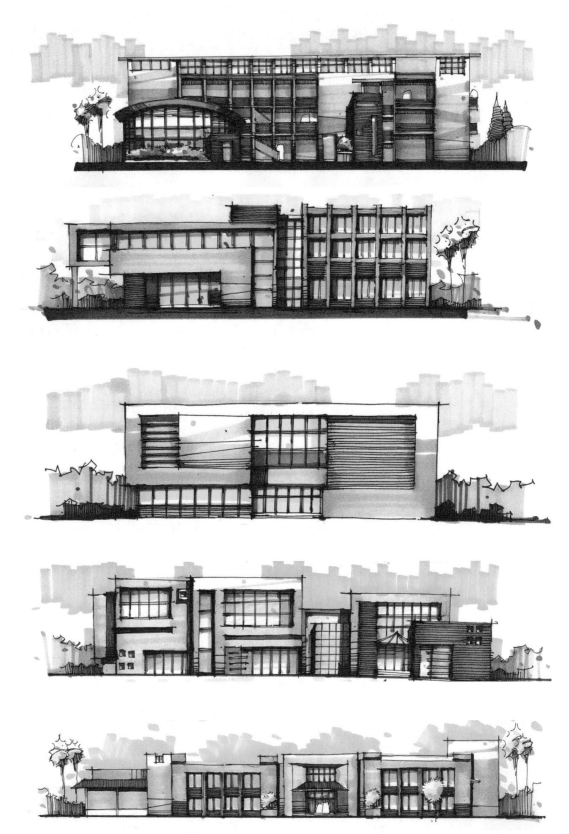

▲建筑立面上色训练作品

7.4 分析图

分析图是快题方案中必不可少的，阅读者可借此考查作者的设计思路及对设计的分析能力。对于学生来讲，分析图做得可能不是太标准，但只要做了相应的分析，阅读者就可以对设计的能力做一定的评价，有时分析图虽然会出现问题，但总比没有考虑某方面的分析要好。

7.4.1 指北针

▲总平面图中才会出现，用于根据上北下南左西右东的规律判断方向

7.4.2 箭头标示

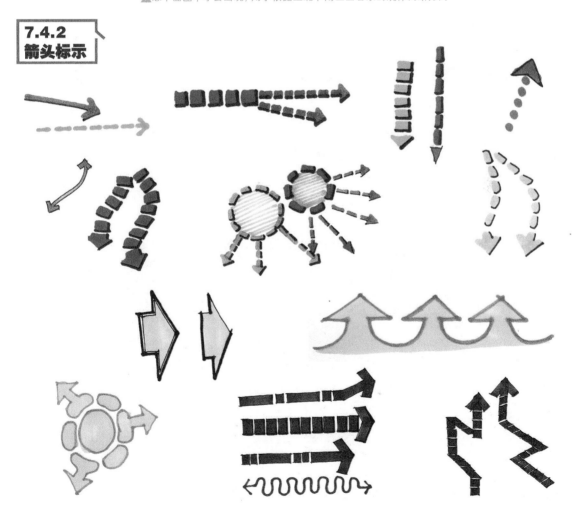

▲各类箭头

7.4.3 区域标示

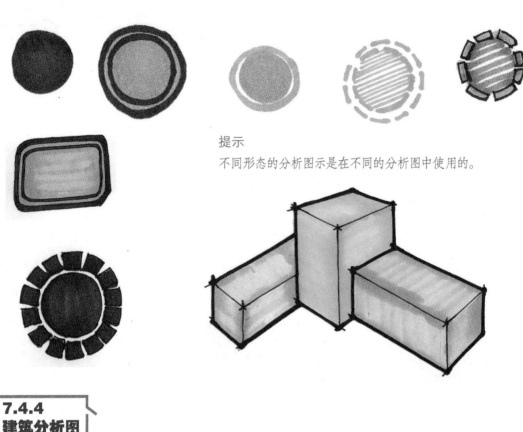

提示

不同形态的分析图示是在不同的分析图中使用的。

7.4.4 建筑分析图

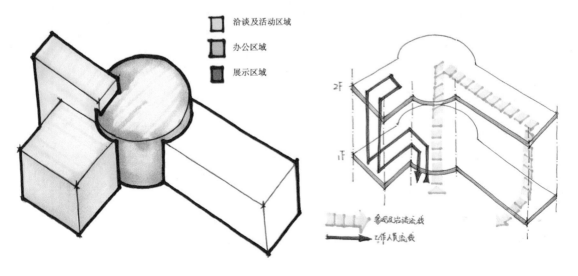

洽谈及活动区域

办公区域

展示区域

参观及洽谈流线

工作人员流线

▲售楼部功能体块分析　　　　　　　　　　　▲售楼部流线分析

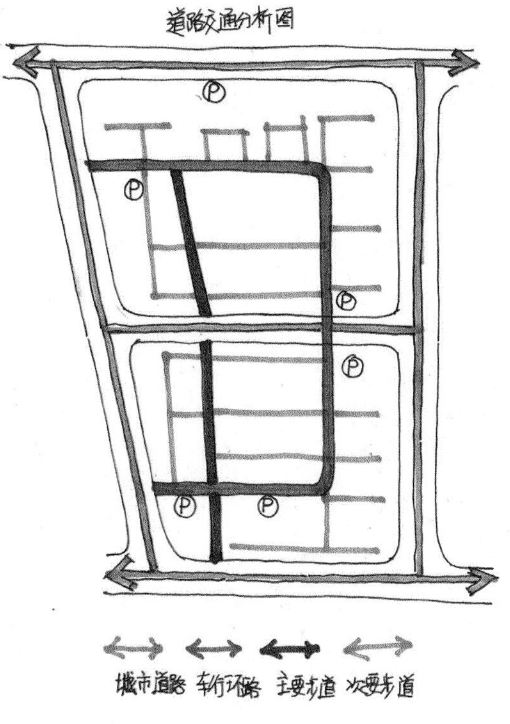
道路交通分析图
城市道路
车行环路
主要步道
次要步道

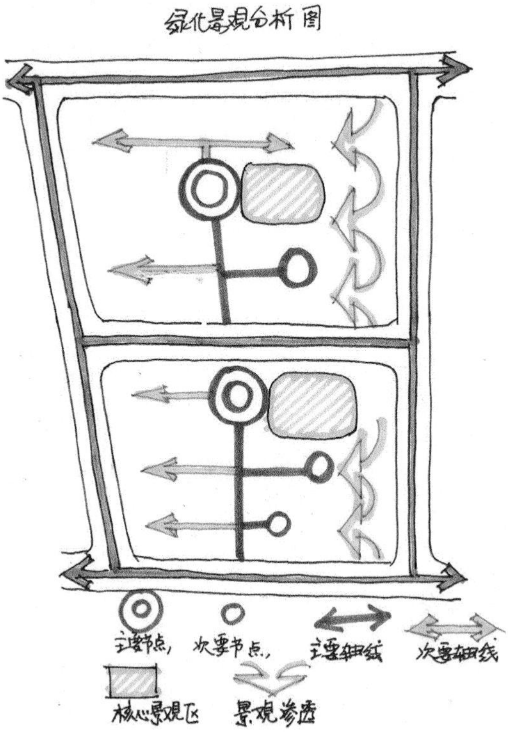
绿化景观分析图
主要节点,
次要节点,
主要轴线
次要轴线
核心景观区
景观渗透

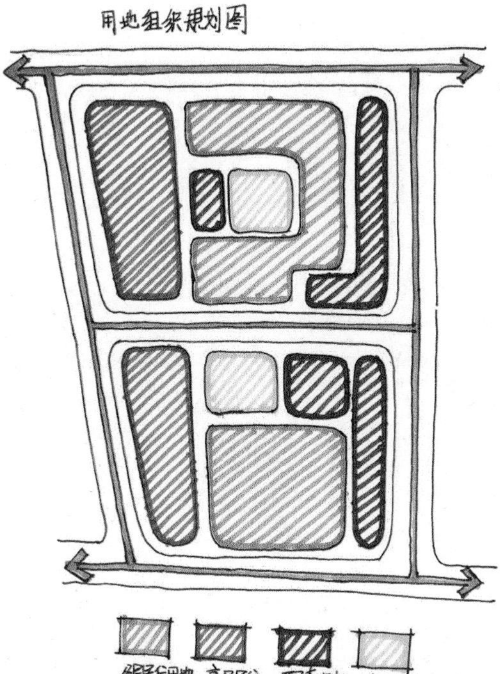
用地组织规划图
多层居住用地
高层居住用地
配套设施用地
中心绿地

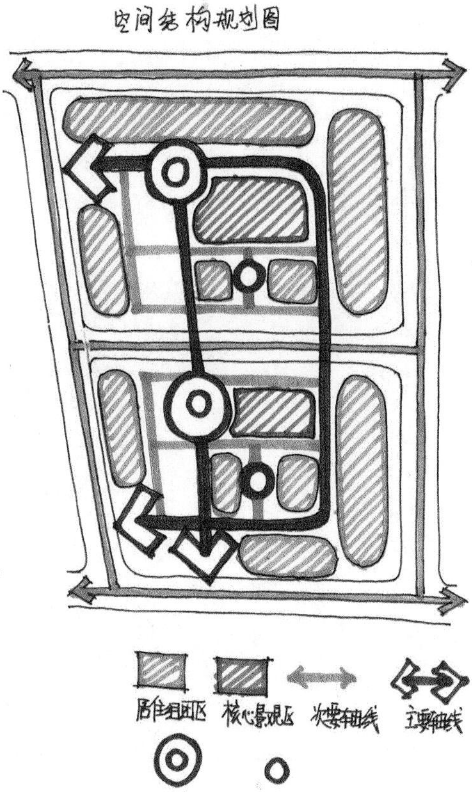
空间结构规划图
居住组团区
核心景观区
次要轴线
主要轴线
主要节点,
次要节点,

7.5 本章练习

　　本章练习是一个市政府办公区域，建筑与道路分布较为整齐规则，画线稿的时候注意建筑长宽比，不能变形。道路能环通，停车位要均匀，行道树要成组布置。

01 线稿分析 小尺度规划中建筑轮廓线可以画成双线来表示女儿墙。

02 上底色：用CG2████画道路，T36████画铺地广场，T242画绿地，F187████画行道树。

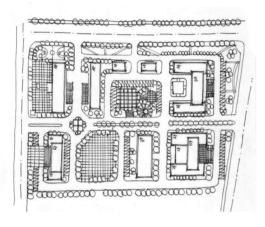

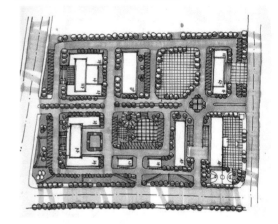

03 整体处理：用CG6████给较为宽阔的道路加一些重色。BG9████给建筑画地面投影和行道树投影。

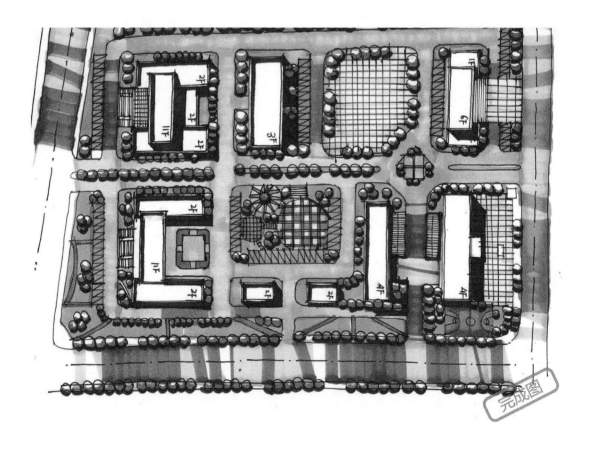

完成图

第 08 章

快题方案表现技法

- 8.1 快题方案
- 8.2 快题案例分析

08

8.1 快题方案

8.1.1 快题设计前的准备

1. 构思能力培养

提高快速构思能力，打开设计思路，调整设计步骤。

2. 基本知识准备

通过长期的学习，掌握建筑设计的基础知识、基础理论以及众多相关学科的知识。

3. 技能准备

了解考试大纲，了解考试工作量，规范考试涉及步骤。时间分配合理，选择一定的表达方式，配景等形成固定的画法，一般不会出现大的闪失。

4. 工具准备

应结合自己喜爱的画法，固定使用几种笔、色彩和纸等，以求熟能生巧。

8.1.2 快题设计的过程与方法

一、审题

在开始快题时，一定要通读和细读设计目标、设计要求和设计信息，抓住设计的核心问题，同时要对各个细节要求做到心中有数。审题时不仅要认真阅读和细读设计任务书的文字部分，而且要仔细研究设计任务书中的基地地形图（有时候还有区位图、规划图和功能泡泡图等），因为很多设计中必用的信息如道路红线、建筑控制线、保留树木和等高线等是通过图形的形式表达出来的，一定不能漏读。

二、分析

1. 环境方面的制约因素——由外到内。地理环境、区位环境、室外环境等；交通流线的组织，如车流、人流、货流；朝向、景观等界面控制；主次出入口的确定；与周围建筑的关系；建筑形态的环境意义，如空间体量的组合、空间界面的围合、建筑对周围环境的影响。

2. 功能方面的制约因素——由内到外。各功能空间的相互联系（泡泡图，特别是比较复杂的建筑）；各功能空间的面积配置（方块图、面积、形态）；各功能空间的开放程度，空间对内和对外的关系；各功能空间的朝向要求，主要和次要房间的要求；各功能空间的净高要求，以及与之相适应的结构要求；各功能空间的动静要求，如阅览室（静）、舞厅（动）等。

3. 规划和技术经济方面的要求——规划要求包括建筑密度、容积率、绿地率、机动车停车位数和出入口方位等；技术经济方面的要求包括建筑总面积、容积率、建筑密度、绿地率、结构形式和单方造价匡算等。

三、构思与草图

设计方案的成败始于方案构思。对于快题设计来说，设计者应从设计任务书出发，强调设计的客观性，同时有自己的理解和一定的发挥。快题设计对拟建项目的总建筑面积有严格的要求，注册建筑师考试更是如此。因此，在画草图前和画草图过程中，应对各房间面积和总建筑面积进行匡算（通常增减在10%以内），这有利于从总体上把握方案的体量和具体房间的划分与组合。

四、方案设计

1. 环境设计

（1）地理环境

不同的地理环境对建筑的总平面布局、建筑的通风采光、日照间距和抗震设防等有不同的要求，一般来说，设计任务书对此有明确的说明（如北方、南方，当地气候等）。

（2）基地自身环境

主要是指基地的用地范围、基地水文地质情况和基地地形高程情况，以及需要保留的古建筑、文物古迹、名贵树木等情况。

（3）基地周边环境

主要是指基地周边的道路、建筑、河流、湖泊、文物和保留树木等。

（4）交通环境

主要指基地周边的主次道路、河流湖泊的码头和交通流向等。

2．功能布局

（1）寻求合理的功能布局

首先应当根据各空间的性质和互相联系的要求进行合理的功能分区。具体的分区方式有水平式分区方式、垂直式分区方式和混合式分区方式。通过分区，可以保证房间（空间）布局合理，做到既联系方便又互不干扰。对于一些特殊功能空间（如观众厅、讲堂和大活动室等，其位置对其他空间的布局影响较大）、枢纽性功能空间（门厅等，其位置影响着交通组织方式，是人流集散的地方）、主体功能空间（教室、活动场地等）、室外空间（广场、活动地等，影响交通等问题）等应进行细致研究，以确定整体的空间布局和建筑形象。

（2）寻求合理的交通系统

首先应处理好内外交通、动静交通和人流车流的关系，使平面交通简捷、明了，使垂直交通均匀、便捷，形成主次交通组织的空间系统或环形交通组织的空间系统。门厅作为交通枢纽应明显，面积足够，能够引导和分散人流；楼梯的位置应均衡，其中主楼梯应设在主入口；采用近端走道时，应注意疏散距离问题；中庭作为活动中心时，应注意交通流线与使用功能的联系与分隔。

（3）寻求合理的空间构成

建筑设计的核心之一是组织好各类空间，不仅要在平面上，而且要从立体的角度进行空间构成，使建筑的空间尽可能结合在一起。同时，空间构成还要与结构体系密切结合。

3.剖面研究

剖面设计是建筑设计中必不可少的环节，它与平面、立面设计相互影响、相互制约。在一般快题考试时，剖面设计应反映出建筑与环境的关系，以及建筑内部空间的组合关系，包括房间的剖面形状、各房间的高度、建筑层数、各层高程和室内外空间处理等。在注册建筑师考试中，剖面图的内容还包括构造处理、结构选型、保温和隔热等工程技术做法或措施。

值得注意的是，有些基地本身就是坡地，设计者一定要画清楚坡地的高差关系、等高线的走向等与拟建建筑的关系，从而使建筑与地形相吻合、相协调。

4.造型处理

多数快题设计比较重视建筑的造型处理，有的快题甚至只要求进行立面的设计与比较（我国的注册建筑师考试是个例外，建筑设计考试科目不要求画立面），因此建筑造型处理十分重要。

一般来说，快题设计中的建筑造型主要是通过立面图和透视图表达出来的，在设计中，应当把握以下环节。

（1）建筑造型首先要与功能有必然的联系和呼应，并且反映出不同类型建筑的空间构成特点，表达出不同的建筑个性。

（2）建筑造型应与周边环境有密切关联，在尺度、体量和色彩等方面反映出在地域、气候和文化等条件下建筑应有的环境特征。

（3）建筑造型具有整体性，主从关系清楚，立面设计逻辑性强，防止出现结构错误或立面凌乱的现象。

（4）逻辑造型具有一定的趣味性，有一定的细部处理，结合节点详图，能够反映出一定的材料、构造做法。

五、定稿与排版

排版的基本原则是构图均衡、图文协调、重点突出、没有漏项。

排版时应注意把重要的图放在整张图纸的视觉中心，如一层平面图；可以将自己画得比较好的透视图或轴测图排在显眼的位置上。设计标题几个大字往往最后才有时间写，但若写得不好（如太大、太草、太"重"等），对图面的整体效果的影响就会较大。此外，如果排版已经不均衡了，应想一些耗时不多的补救办法，如添加一些与设计有关的分析图、设计说明等，以平衡版面。

六、绘图

1. 总平面图

画出用地范围、机动车出入口（方位要判断正确）、建筑的主次出入口。表示用地边界关系时，每根线都有其代表含义（草地、铺地之间的线，台阶、建筑之间的线等）。

画出建筑屋顶外轮廓线、车位、车道、硬地和绿地。标清建筑层数。

停车位的设计也能体现你的功力——车子应该能开进去而不是排进去。注意车道宽度、转弯半径和车子的停放方式。

指北针、比例是最易遗忘的细节，要特别注意！

2. 平面图

画出各个房间（空间），注明名称。图纸比例要正确，必要时可标注一至两道尺寸线。

（1）表达结构方式：普通的采用框架结构，大空间需要大跨度的结构形式（屋顶、桁架和网架等）。

（2）门窗的位置及大小：大窗适合开敞性空间，小窗适合办公等重复的小空间等（大小是相对而言的）。

（3）高度变化：室内外的高差处理、台阶、坡道和无障碍设计。

（4）节点处理：如门厅，让人进入后知道该往哪里走。要给人明确的方向感。

（5）垂直交通空间：楼梯、电梯的数量与位置。

（6）洗手间的位置：既不能过于"深入"，也要适当"隐蔽"。

3. 立面图

与平面图对应，且比例正确。

显示虚实对比关系、体量的凹凸与削减，体现材料的运用和质感。

表现一定的个性，具有一定的含义。

有细部设计。

4. 剖面图

体现建筑内部的空间关系，包括建筑竖向变化、高程、结构形式。

可注明主要房间的名称。

5. 表现图

表现图的表现方式自选，应体现设计者一定的审美能力，表达设计意图，显示个性和风格。尽量隐藏和弱化设计者的弱点。

钢笔线条白描是最基本也是最难的一种表现方式，初学者应认真学习。表现图应注重比例、透视和构图，以素描关系为基础，稍加阴影，交代清楚即可。

6. 设计说明和分析图

应表达清楚设计者的想法和设计的思路。设计说明应突出重点，简明扼要，主要内容有功能布局、交通流线和景观分析等。

7. 技术经济指标

主要有用地面积、总建筑面积、容积率、建筑密度、绿地率、建筑高度、停车位数和结构形式等。

8.2 快题案例分析

8.2.1 小区营销中心

此方案设计充分结合基地地形，体块功能区分明确，南边体块为展示与办公，北边体块为员工活动，通过门厅空间进行连接，避免了流线干扰。展示区空间丰富完整，在不规则地块中划分出规则的空间，再利用分割出的边角空间用作儿童玩乐区，很好地处理了不规整的地块。

图面表现风格统一，用暖灰色统领全局使画面不花哨。

美中不足的是南向办公区中间部分的楼梯可省略。

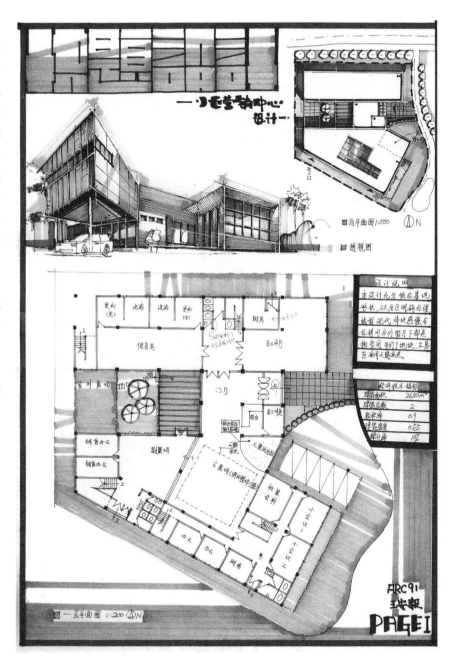

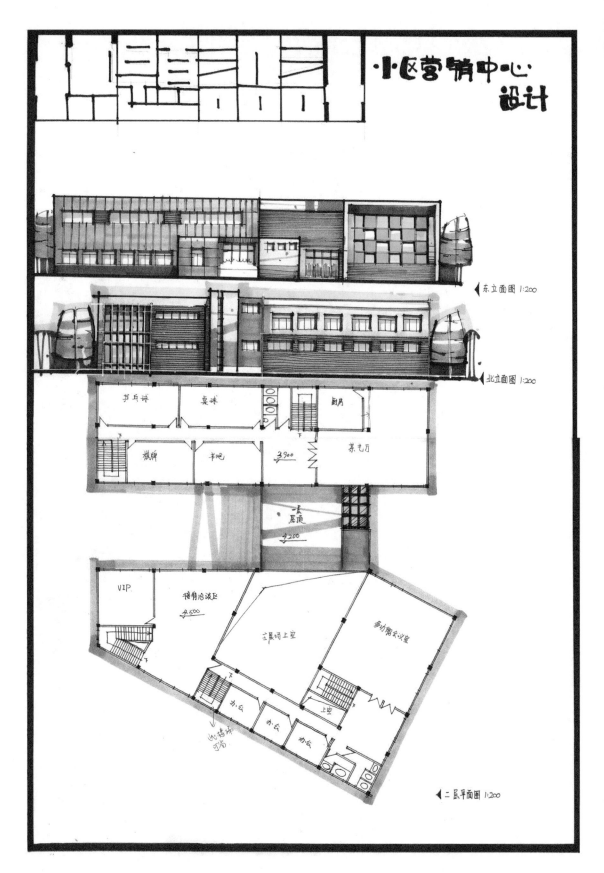

小区营销中心
设计

东立面图 1:200

北立面图 1:200

乒乓球   桌球   厨房

棋牌   书吧   3.900   茶艺厅

长屋顶
4.200

VIP.   接待洽谈区
4.500
二层阅上空   多功能会议室

办公
上空
办公
办公

二层平面图 1:200

8.2.2 度假村设计

　　此方案基地地块为由南至北逐渐升高。为了呼应地势,建筑体分为两个顺应等高线分布的弧形体块,连接部分结合展示与休息空间。南边体块为多功能厅与餐厅这两个短时间内人流集散量大的功能用房,这样可以避免人流对其他功能用房的影响;北边体块则为淋浴健身等小空间的功能用房,二层为办公区域。

　　图面风格统一,色彩鲜艳,效果图很出彩,使人眼前一亮。

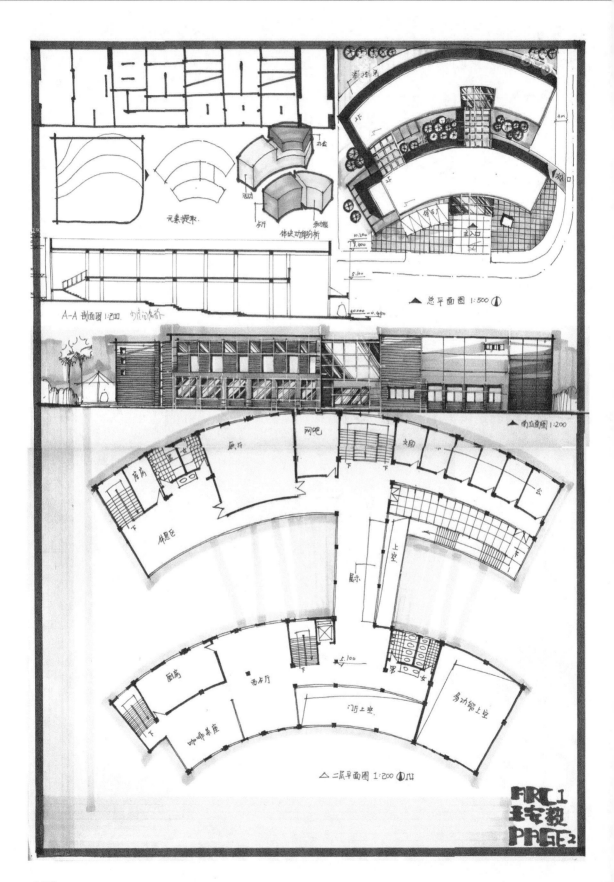

元素提取

体块功能分析

A-A剖面图1:200

▲ 总平面图1:500

▲ 南立面图1:200

△ 二层平面图1:200

8.2.3 别墅设计

此方案功能分区明确，通过建筑单体的形式分割别墅各个功能区域，让工作室和居住区域相得益彰、丰富有趣。建筑周边环境设计详细清楚，整体建筑造型大方。

图面表现丰富鲜艳，通过砖红色来统领全局，使画面丰富又不会过于鲜艳。

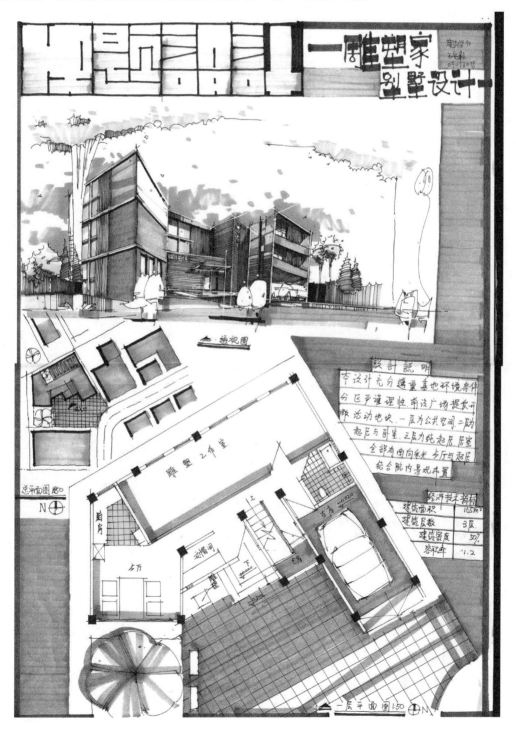

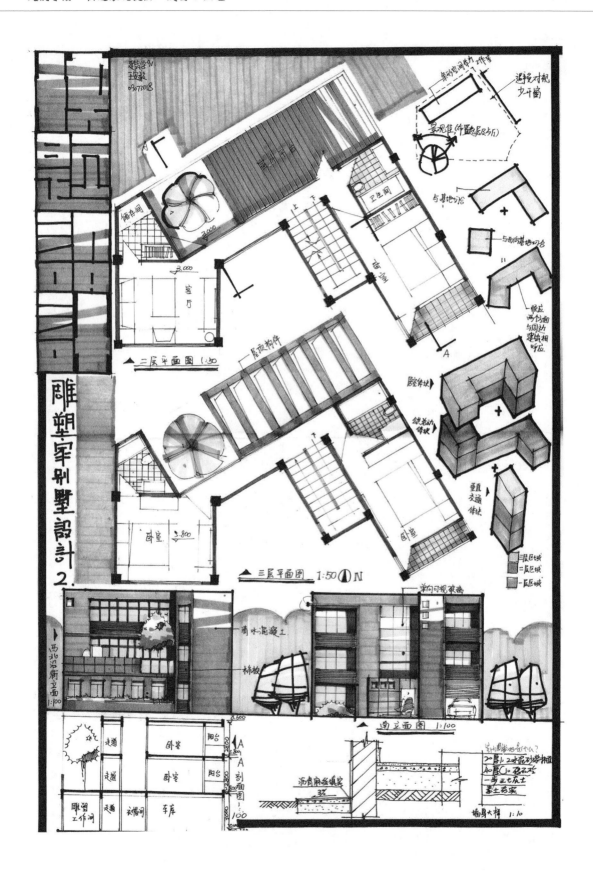

8.2.4 美术馆设计

此方案设计为公园内一美术馆设计。设计从展品空间要求出发，在竖向上进行合理分区，展览和办公空间分区明确，流线清晰。

此设计通过墙体灵活分隔、上下通高、直跑楼梯等手段营造出隔而不断的空间，体现出空间的穿透感。

图面表现上整体清淡大方，给人简洁明了的感觉。

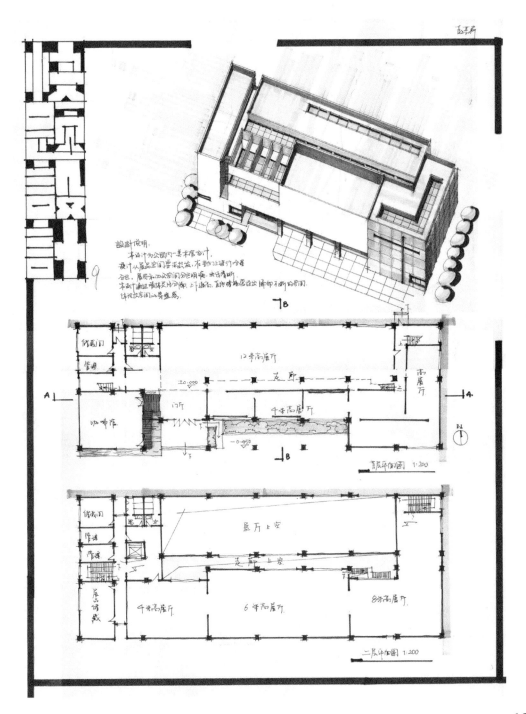

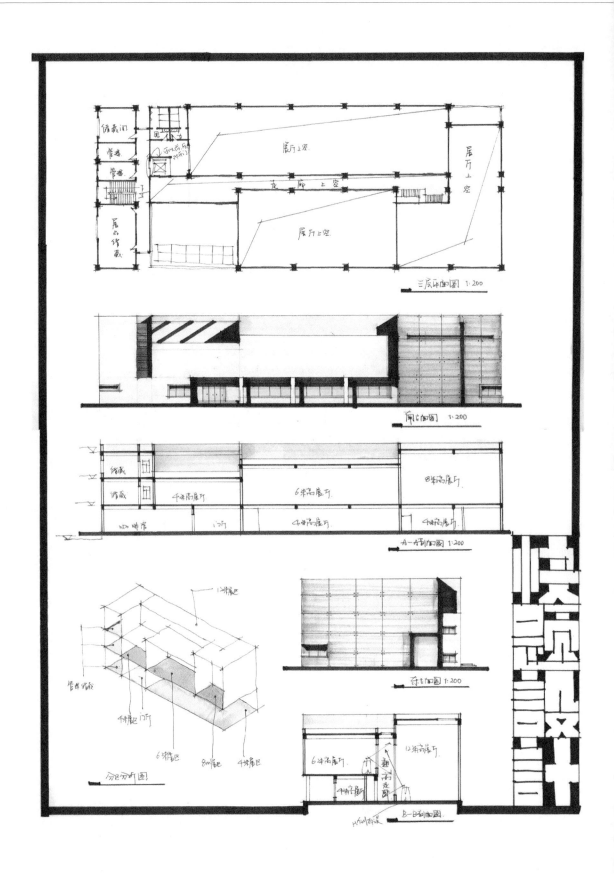

三层平面图 1:200

南立面图 1:200

A—A剖面图 1:200

东立面图 1:200

分区分析图

B—B剖面图

8.2.5
校园规划设计

此方案所涉基地位于南方经济发达地区，工程为中学规划及一期建筑设计——行政楼、图书馆及十个班级教室。

前期基地分析较为完整详细，由于基地位于南方且规划目标为开放、多功能校园环境，因此建筑布局应通透、开敞。利用西南公园景观为同学提供良好的生活环境。

建筑设计中图面改动过多，部分教室采光不佳，图书馆与教室主次地位不佳，过分注重图书馆体量与位置而忽略了普通教室的朝向与布局。

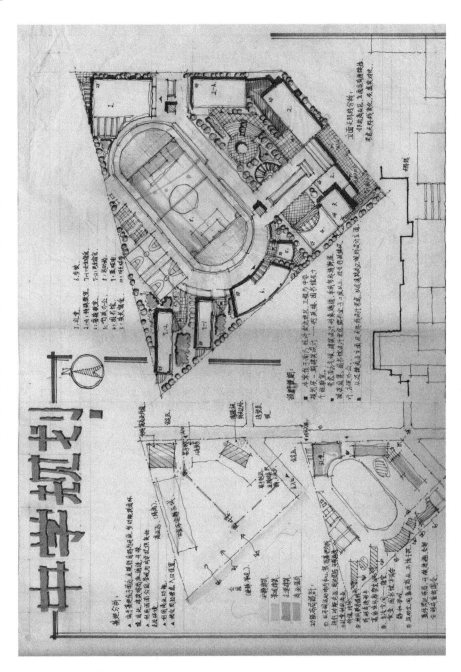

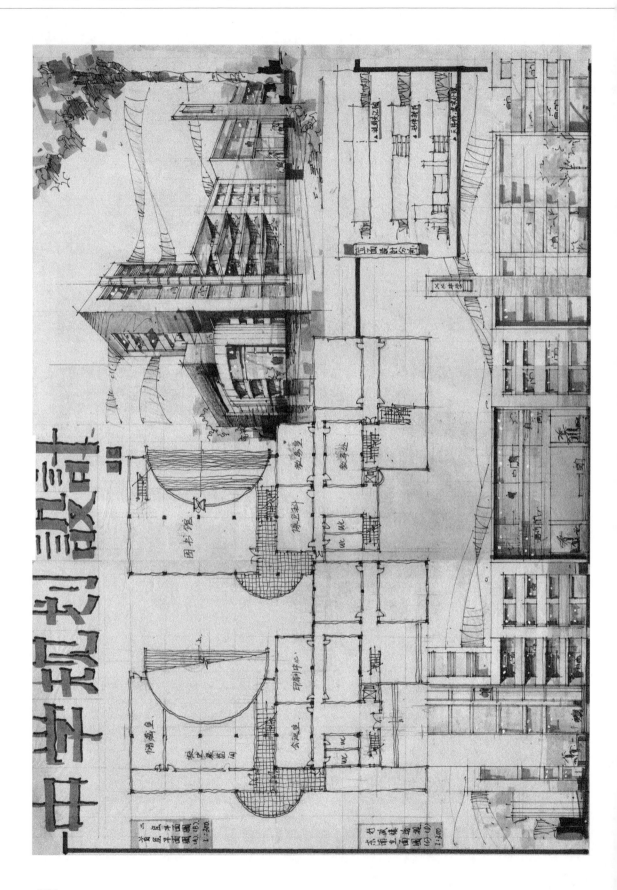

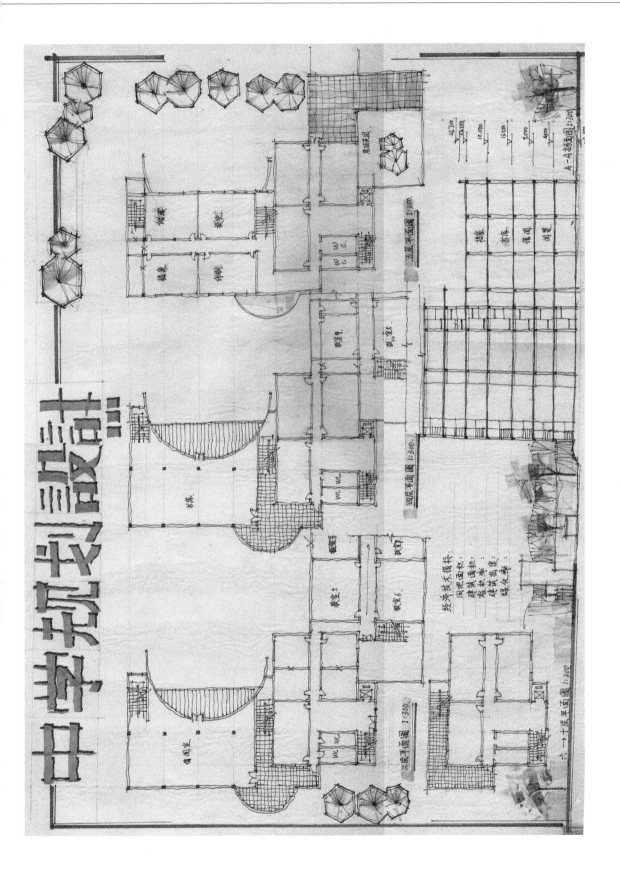

8.3 本章练习

一、基地概况

1. 某风景区拟在风景如画的湖岸边修建一座高档"生态鱼宴餐厅"。

2. 用地为湖西岸向水中伸出的半岛，西靠山体，西侧山脚下有环湖路和停车场，北东西三面邻水。

3. 用地边界：西为道路和停车场的东侧道牙，北东南三面的湖岸线向湖内10米，用地面积约5000平方米。

4. 环湖路东侧有5米高差的陡坡，其余为2~3米高差的缓坡，坡向湖面。南侧临湖有两棵大树。

二、设计要求

1. 总建筑面积1200平方米，餐厅规模200座，餐厨比1:1。

2. 就餐区需面向湖景，需单独设置一个15座的湖景包间。

3. 充分考虑和地形环境的结合，适当考虑户外的临时就餐座。

4. 其他相关功能自行设置。

三、成果要求

1. 总平面图1:1000~1:500。

2. 各层平面图、立面图、剖面图1:200~1:100。

3. 空间形态表达，手法不限。

4. 反映构思的图示和说明。

四、时间要求

6小时。

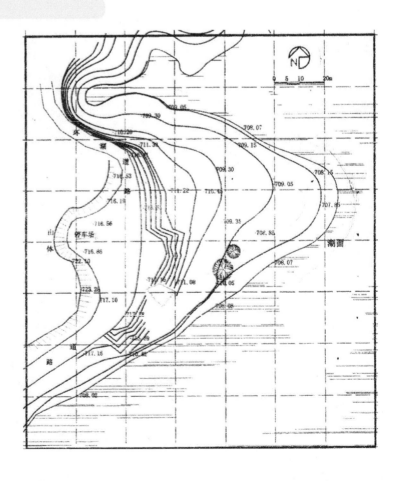

第 09 章

规划鸟瞰图表现技法

60

9.1 规划平面上色

规划平面图的线稿有路网、建筑平面体块、植物配景三大类型。难在尺度、比例上，尺度、比例是设计师最难把握的。

9.1.1 铅笔定形

01 用铅笔大概画出长宽的比例，再进行体块的排列，比例要与整体相符合。

02 足球场、网球场等相应的尺寸要符合相应的比例。

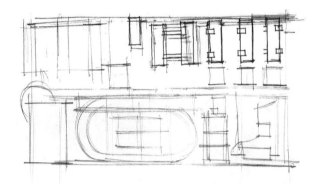

9.1.2 墨线大形

01 根据铅笔所定位置准确勾勒出建筑、道路、植物等构筑物。

02 特别是建筑的体块要把女儿墙表现出来，这样建筑就有细节可看。

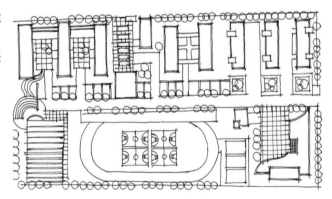

9.1.3 投影处理

01 投影处理。建筑投影区域的大小是和建筑的高度相关的。

02 楼层备注。在建筑的左下角把建筑的层数写清楚。

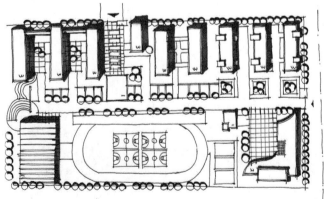

9.1.4
草坪上色

01 规划平面图中草坪面积较多，草坪颜色一般就是平面图的主色调。

02 用亮一点的绿色会使整体的画面比较抢眼。用T242■■■■对草坪上色，运笔要快。

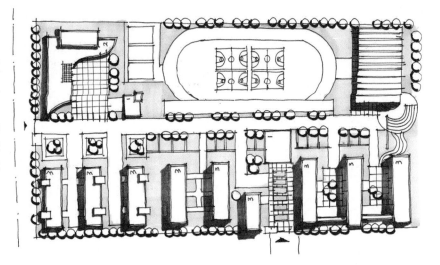

9.1.5
道路、球场上色

道路: CG2■■■■;

球场内部: CG2■■■■;

跑道: F73■■■■;

地面铺装: T36■■■■。

上色按照最短距离原则。

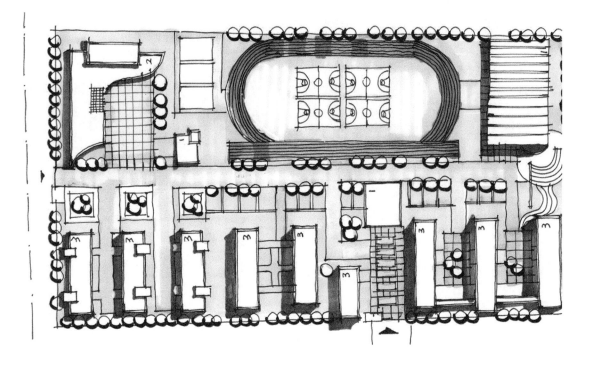

9.1.6
对草坪、地面等进行调整

这一步上色根据画面整体的对比、细节
进行进一步刻画。

树阵、草坪用：T56████；树阵要留白；

地面铺装：T115████。

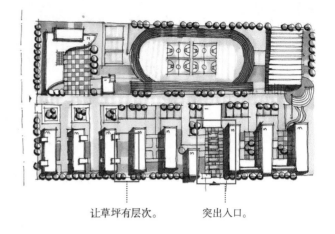

让草坪有层次。　　　突出入口。

9.1.7
周边环境的处理

在规划图中从视觉中心会向四周渐变，这张平面图上下用T59████+T56████进行变化。

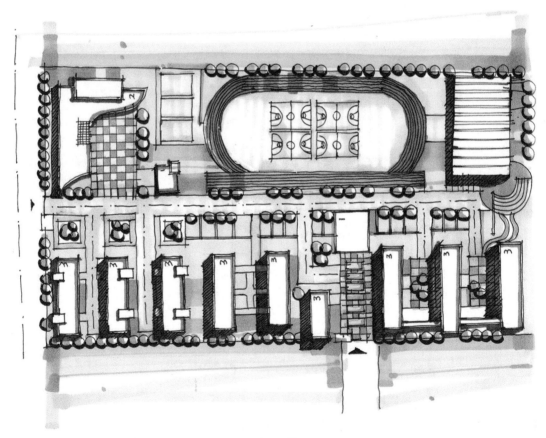

完成图

9.2 简单透视空间上色

简单透视空间上色就是将平面图转换为立体空间图,上色方法比平面空间上色更为复杂一些。讲究透视角度和阴影立体关系的塑造。

9.2.1 校园鸟瞰

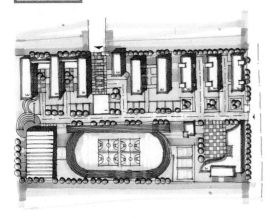

▲平面图

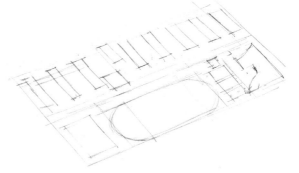

01 确定透视。透视是由两个基本大块构成的平面图,在确定透视以后,按照长方形画出透视体块,进行分割。

02 确定建筑高度。大部分体块的高度都一样,先确定好大部分体块的高度,比它们低的体块就以高的为参照进行刻画。

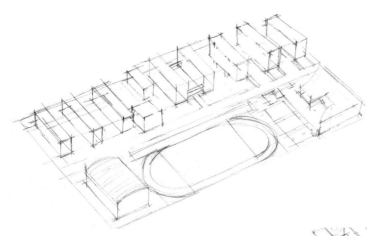

03 地面铺装。地面铺装不能画得太细太密,大致能表达出地面的材质即可,还有就是道路及地形的确定。

04 墨线勾勒。在铅笔画出大致的透视体块关系以后就用墨线勾勒整体的体块及地形。在这个图中操场是最容易出现问题的地方,半圆、圆的透视是八点定圆。

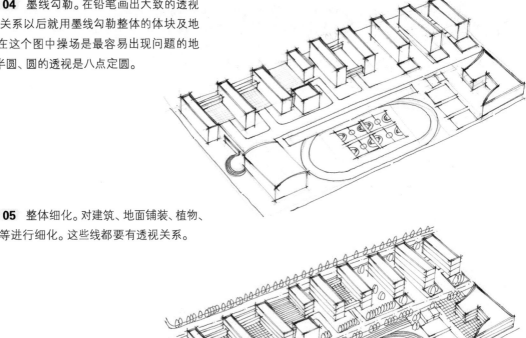

05 整体细化。对建筑、地面铺装、植物、跑道等进行细化。这些线都要有透视关系。

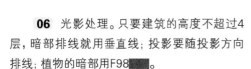

06 光影处理。只要建筑的高度不超过4层,暗部排线就用垂直线;投影要随投影方向排线;植物的暗部用F98███。

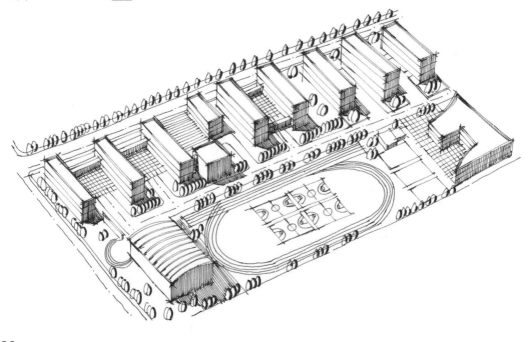

07　整体上色。第一遍整体铺色，鸟瞰图朝上的面不需要上色，避免画面闷。

建筑：BG3▨▨+F73▨▨；

草坪、植物：T59▨▨。

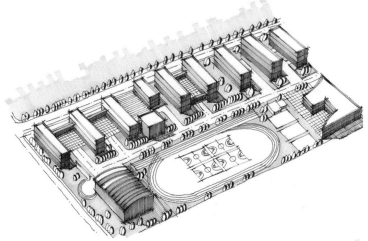

08　地面上色。对道路、地面铺装、操场、网球场上色。

道路、操场：CG2▨▨；

网球场、地面铺装：T36▨▨。

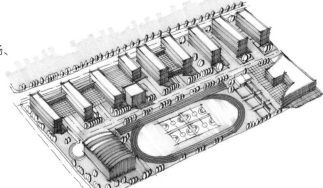

09　光影处理。加强对比，调整整体关系。

投影：BG9▨▨；

建筑暗部：BG5▨▨；

远处植物：F165▨▨。

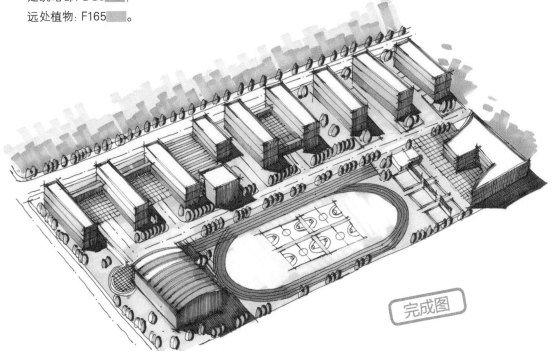

完成图

9.2.2
滨水鸟瞰

　　规划专业的同学在考研或者应聘考试时需要进行快题考试，那么手绘表现就成了必要的手段，其中最重要的部分是平面图、透视图。平面图最重要的是设计，透视图在透视上最容易出现问题。在规划的透视中我们常用的是两点透视、轴测图。一点透视因为其空间表现力度不大，一般不用。

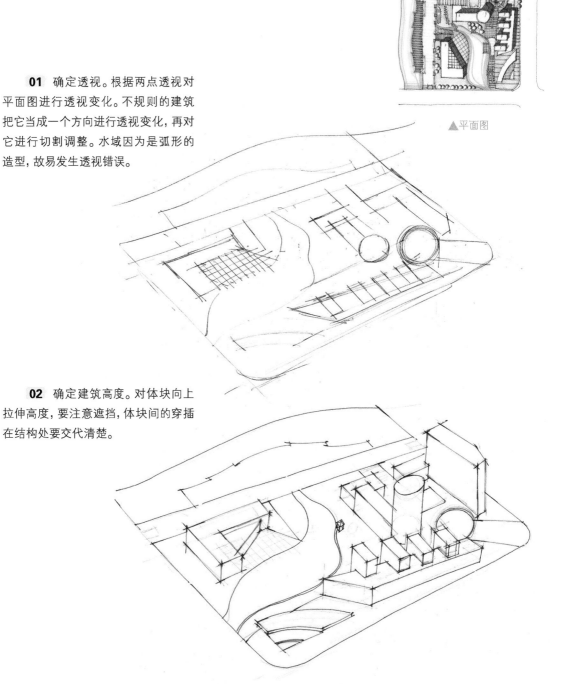

▲平面图

　　01　确定透视。根据两点透视对平面图进行透视变化。不规则的建筑把它当成一个方向进行透视变化，再对它进行切割调整。水域因为是弧形的造型，故易发生透视错误。

　　02　确定建筑高度。对体块向上拉伸高度，要注意遮挡，体块间的穿插在结构处要交代清楚。

03 整体细化。对建筑、地面铺装、植物、跑道等进行细化。这些线都要有透视关系。

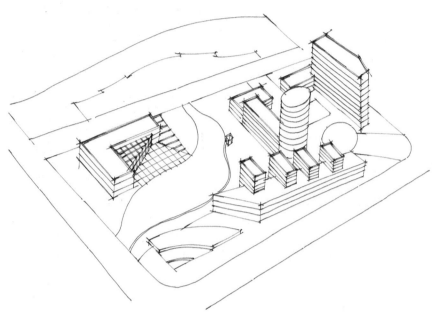

04 环境调整。对植物、场地进行透视刻画，因为这张图是上色，所以在线稿上不需要进行光影处理。

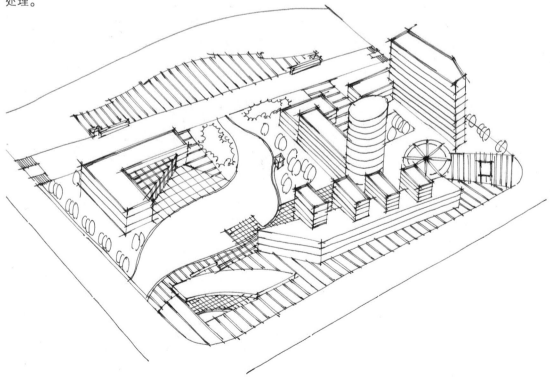

05 基准色上色。先整体对画面中所有体块进行基准色搭配。

建筑：WG2▨▨＋T97▨▨▨；

地面铺装：T36▨▨；

地面：BG3▨；

木材：F69▨；

草坪：F25▨；

水面：T67▨；

道路：CG2▨；

植物：T56▨。

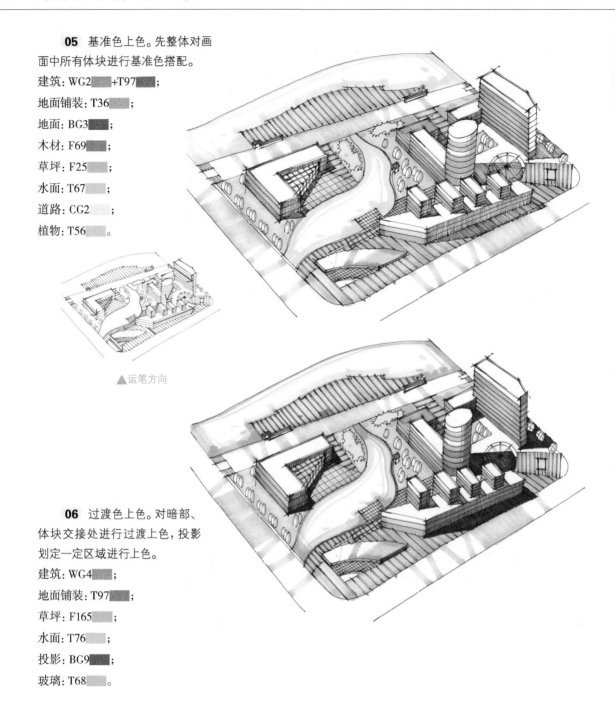

▲运笔方向

06 过渡色上色。对暗部、体块交接处进行过渡上色，投影划定一定区域进行上色。

建筑：WG4▨▨▨；

地面铺装：T97▨▨；

草坪：F165▨▨；

水面：T76▨▨；

投影：BG9▨▨；

玻璃：T68▨▨。

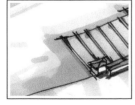

◀体块间交界处或者两种材质色相有较大差别的地方，要加强对比关系

07 对比调整。对整个画面进行光影
关系调整,使体块间的对比更加强烈。

环境: F167　　;

近处水面: F143　　;

地面铺装: T23　　;

木材: F69　　。

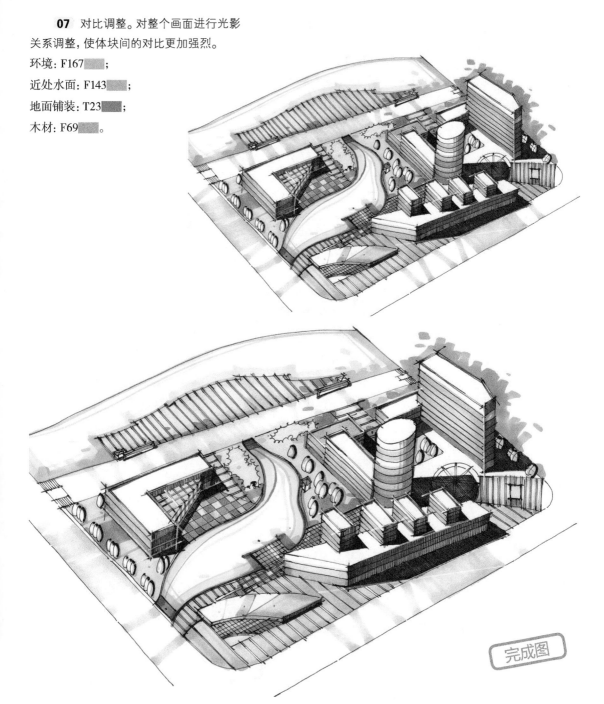

完成图

◀水面不能画的
太满,要大面积
留白

◀草坪在基准色上
完以后再用重的颜
色来让草坪有层次

9.3 实景照片上色

　　规划实景照片上色是以照片为参照，基本色不能有太大的变化，有时候根据实景照片上色会阻碍画面的表达。好处在于作者不需要再对建筑体块颜色进行搭配分析。长时间练习有利于我们对体块颜色搭配的理解及积累。对于色差较大的体块，我们可以适当降低色差或者人为改变建筑的颜色，只要整体颜色搭配和谐即可。

9.3.1 山庄上色

　　01 实景照片。这张规划图主要以冷色调为主，没有大的色差，体块关系容易交代不清，故我们在一些体块上进行了色相的调整。

▲实景照片

　　02 线稿。形体上没有复杂的体块，有利于上色。植物要随透视成组排列，地面刻画要严格遵循透视原则。

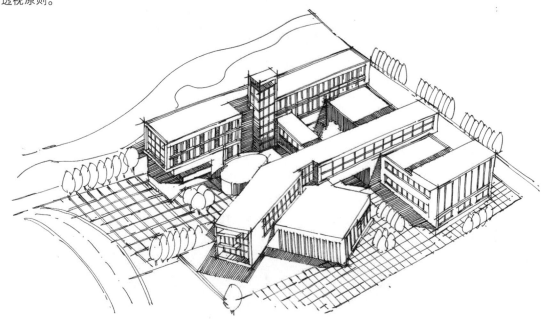

03 基准色。对整体画面进行基准色确定，注意颜色的搭配。其笔触与相应体块的结构相适应。

建筑：BG3███+F47███；

地面：WG2███+CG2███；

植物：T59███；

木材：T97███；

玻璃：T68███。

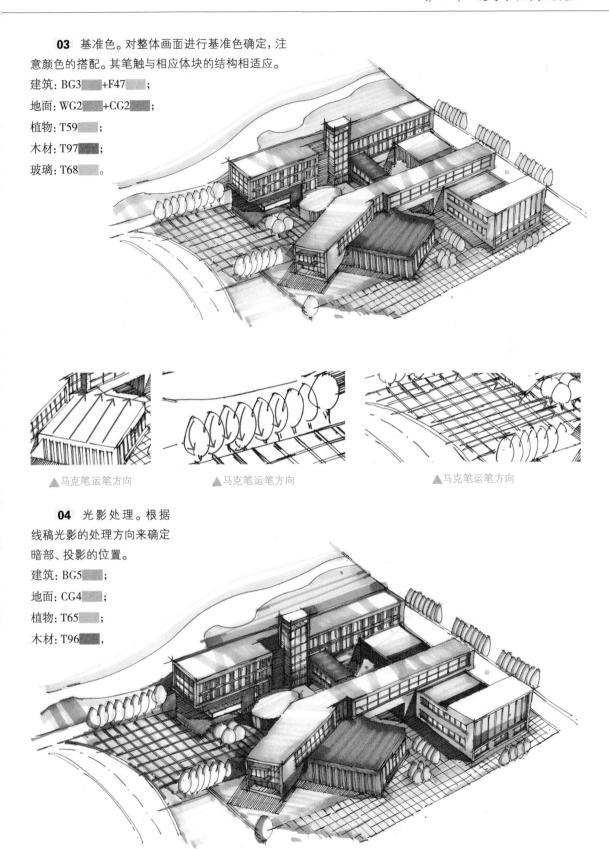

▲马克笔运笔方向　　　　▲马克笔运笔方向　　　　▲马克笔运笔方向

04 光影处理。根据线稿光影的处理方向来确定暗部、投影的位置。

建筑：BG5███；

地面：CG4███；

植物：T65███；

木材：T96███，

05 整体调整。加强体块间的对比关系，投影一定要重，让建筑与地面的层次拉开。在建筑结构交代不清时用高光来提亮。

建筑投影：BG9　　；

河流：F198　　；

玻璃：T76　　。

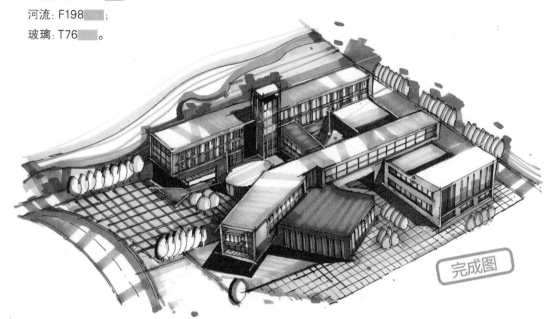

完成图

▲在玻璃上添加环境色T62

▲体块间层次拉不开时可以用F98

▲画面环境重色一般是放在前面体块的结构处

9.3.2 校园上色

01 线稿。校园建筑线稿在刻画上不用过于详细，把整体的关系交代清楚即可。

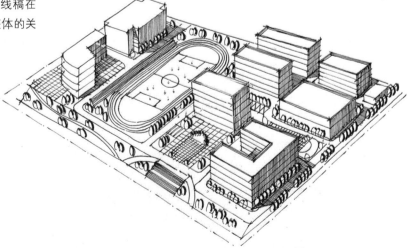

02 基准色。对整体画面进行基准色确定，注意颜色的搭配。其笔触与相应体块的结构相适应。

建筑：T97■■+WG2■■；

地面：F201■■；

草坪：T59■■；

道路：T97■■；

植物：T62■■；

跑道：F73■■。

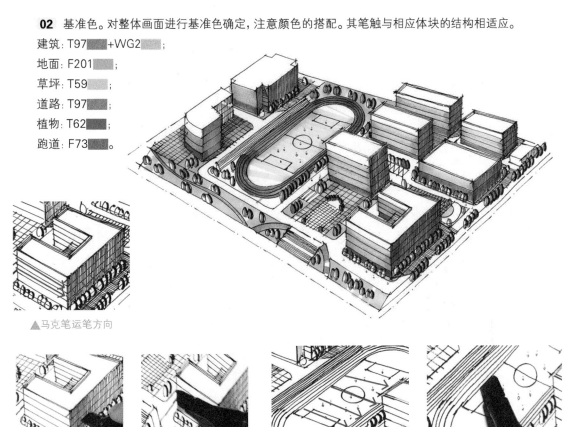

▲马克笔运笔方向

▲笔触方向　　　▲笔触方向　　　▲马克笔运笔方向　　　▲笔触方向

03 光影处理，根据线稿光影的处理方向来确定暗部、投影的位置。

建筑：WG4■■；

建筑投影：WG6■■；

道路：CG2■■。

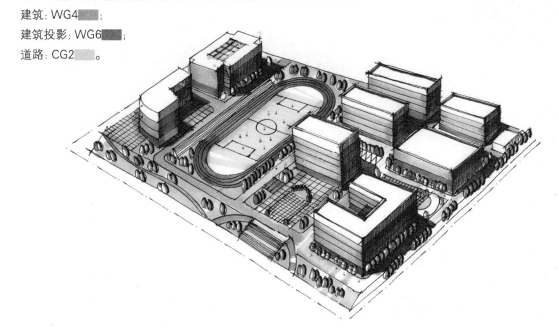

189

04 整体调整。对草坪增加细节的刻画，远处的植物使建筑与环境更为协调，同时让建筑感觉不是飘在空中。

远处植物：T59████＋F166████；

植物：F98████。

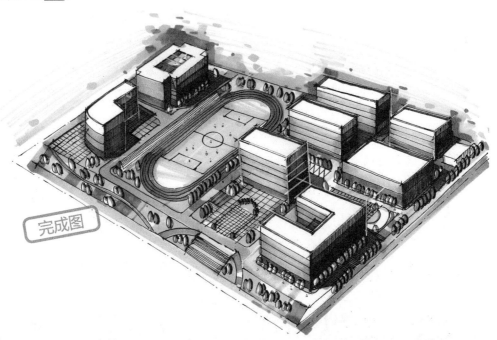

完成图

◀远景植物要有过渡，且有层次

◀结构不清的地方用高光

◀被遮挡的植物不能画的太暗，一般就当成正常情况下的植物即可

9.3.3 别墅上色

01 线稿。这张鸟瞰图是以坡屋顶居多，上色比较难，四大组体块如何体现空间感也是难点。

02 基准色。这张图上色以暖色调为主，可选取一些明
度较高的马克笔，避免画面闷
　　建筑: T97███+WG2███。

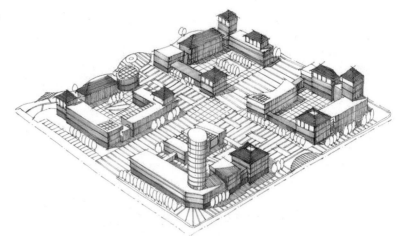

03 地面、植物上色。大面积的地面用明度较高的亮色，与建筑体暖灰色形成对比。
地面铺装: T36███;
草坪: T59███;
植物: T59███;
河道: T68███。

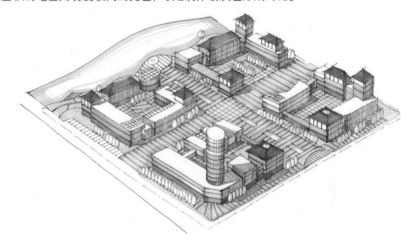

04 光影关系。加强暗部、投影的上色，拉开明暗关系。
建筑暗部: WG4███;
地面投影: BG9███;
玻璃: T67███。

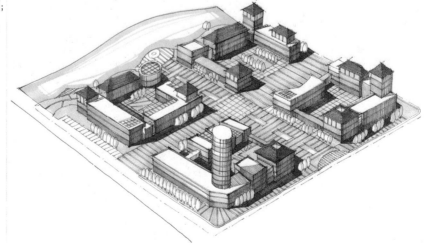

05 体块间投影。加强体块间投影关系的处理，使体块间有连续性。
体块间投影：WG6▩▩。

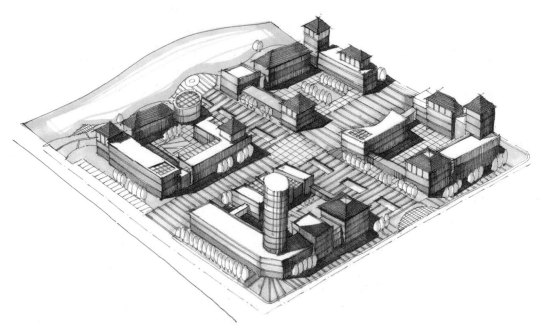

06 整体调整。增加环境、明确结构线、加强对比。
建筑：T97▩▩＋WG2▩▩；
河道：T62▩▩；
道路：CG2▩▩；
植物：F167▩▩；
玻璃：T76▩▩。

完成图

9.4 复杂规划透视空间

居住小区因为楼层都较高，还要体现建筑风格、环境，对读者来说似乎是比较难画的。其实不然，再难的鸟瞰图方式都是一样的，就看能不能静下心来刻画细节。

9.4.1 线稿绘制

01 铅笔定形。步骤同前。这张图有三个不同高度的组群，高度互相参照。楼层较高，需要增加建筑的细节。不同组群建筑风格也有不同的变化。

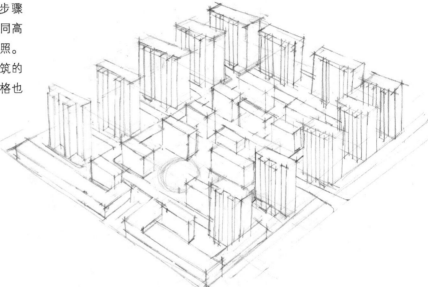

02 墨线大形。上墨线存在太长的竖线，可以借助尺规，建筑结构要做到正确、准确。

03 分层。建筑体分层并不是有多少层就画多少层，能体现出高层线密、低层线疏即可。

04 光影处理。高层建筑因暗部太高、面积过大，故只画投影。低层建筑暗部、投影都要处理，以便与高层有所区别。

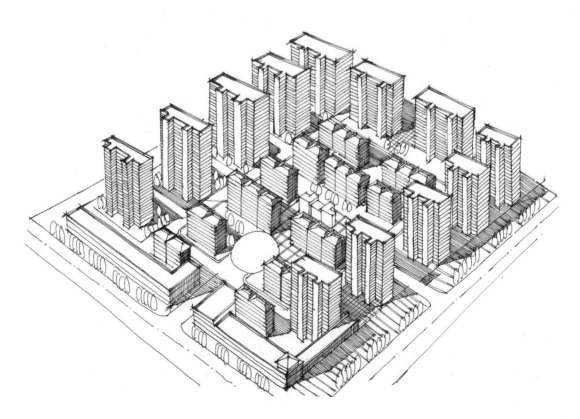

9.4.2 整体上色

01　主主色调整铺。这是以冷色调为主的一张鸟瞰图，适当搭配暖色进行调节。

建筑体：BG3███；

道路：CG2███；

草坪：T242███；

铺装：T36██；

建筑底层、顶：T97██；

投影：BG9██。

02　暗部第一遍。这一步先用建筑的固有色上色，使将来上重色以后过渡自然。

暗部第一遍：BG3███；

植物：T56██。

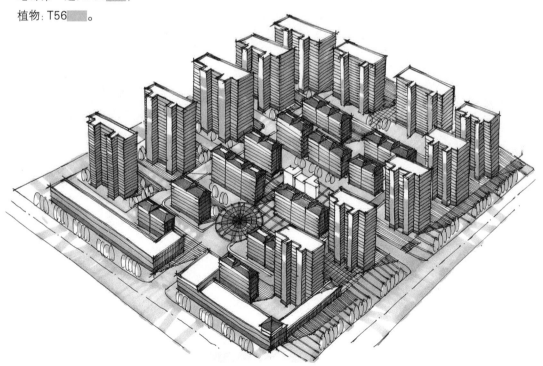

03 整体处理。暗部、投影加深，地面、草坪加一个层次，就有了变化。远处在靠近建筑的地方用植物的颜色强调环境，同时也把建筑凸显出来，一举两得。底层的暗部不加深，加深以后会造成与投影的对比不强。

暗部：BG5████+BG7████；

投影：BG9████；

远景植物：F165████；

地面铺装：F69████。

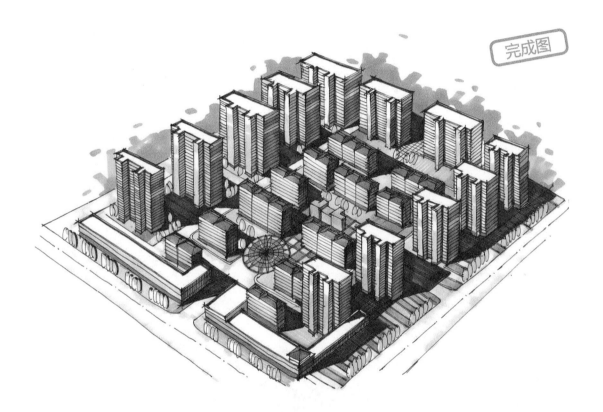

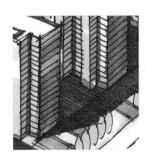

▲当体块间有投影关系的时候，一般不做处理，因为后面的体块容易与地面投影分不开，造成结构不明确

▲在一些鸟瞰图中6，因为建筑和环境上色较为单一，为体现画面的细节，可以在地面铺装上颜色，上得较为丰富

▲在投影里的植物、地面铺装等不作为暗部的物体进行刻画，不然会造成整个画面非常闷

9.5 本章练习

本章练习为居住小区鸟瞰透视图，线稿部分注意建筑的高度、间距和层数，要将路网表示清楚，因为要上色的缘故，线稿中可以将底面投影范围画出而不在其中排线，上色时直接用BG9 █ 给阴影上色。

01 场地周边一圈的道路和行道树要明确表示出来，更远处的草地可以用排线来向外过渡。

02 采用WG和T97 █ 的配色方式铺第一遍色，铺地用T104 █ ，底层商业用F73 █ 。

03 先选用F98 █ 加重建筑的暗面，接着选用BG3 █ 铺出地面的颜色，注意排笔的多样性，最后画出道路上的配景树的颜色。主要选用F187 █ 。

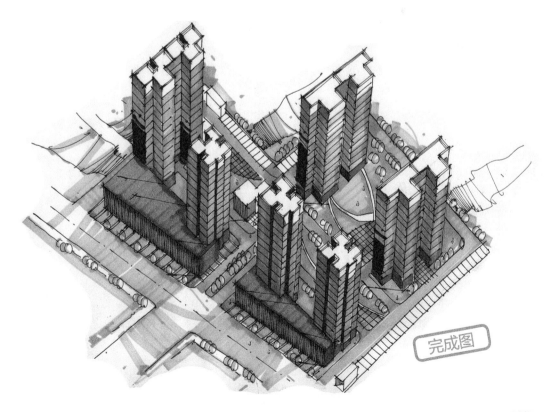

完成图

第 10 章

作品欣赏

- 10.1 建筑手绘欣赏
- 10.2 规划手绘欣赏
- 10.3 规划快题手绘欣赏

10.1 建筑手绘欣赏

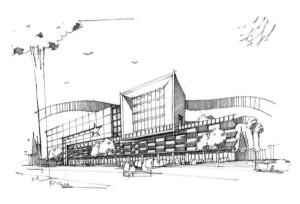

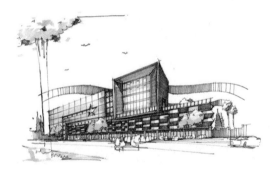

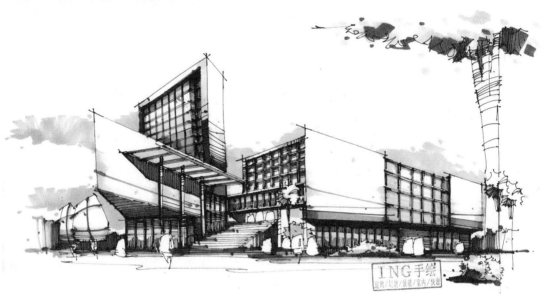

10.2 规划手绘欣赏

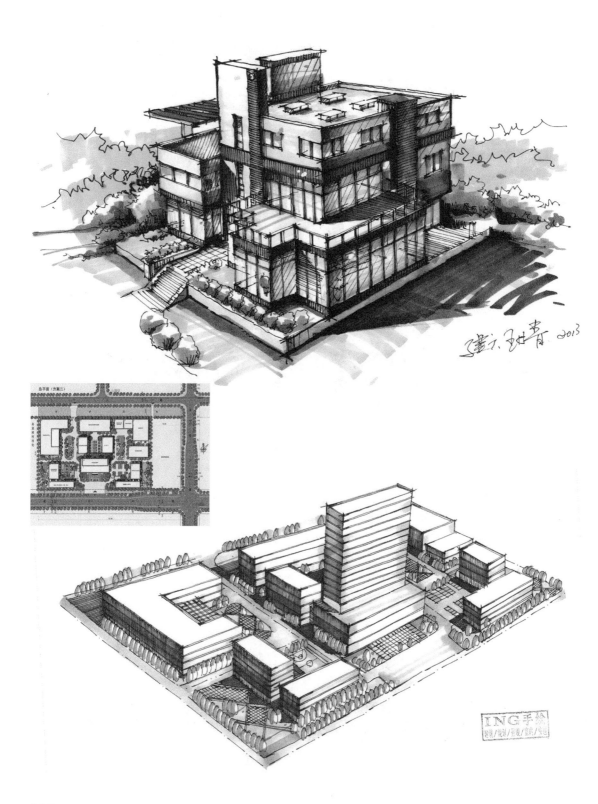

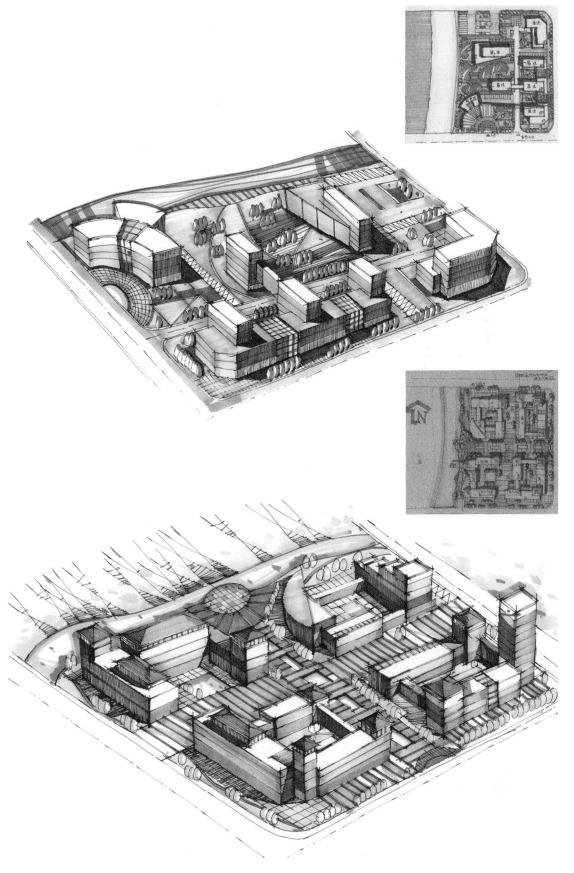

10.3 规划快题手绘欣赏

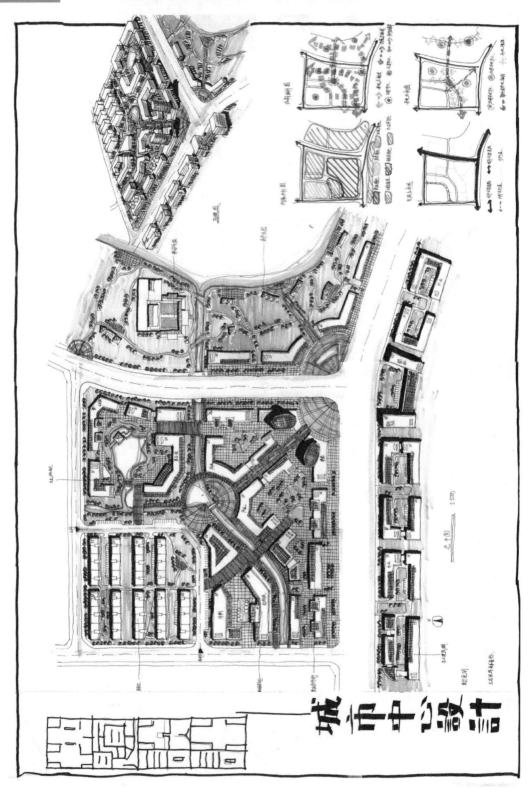

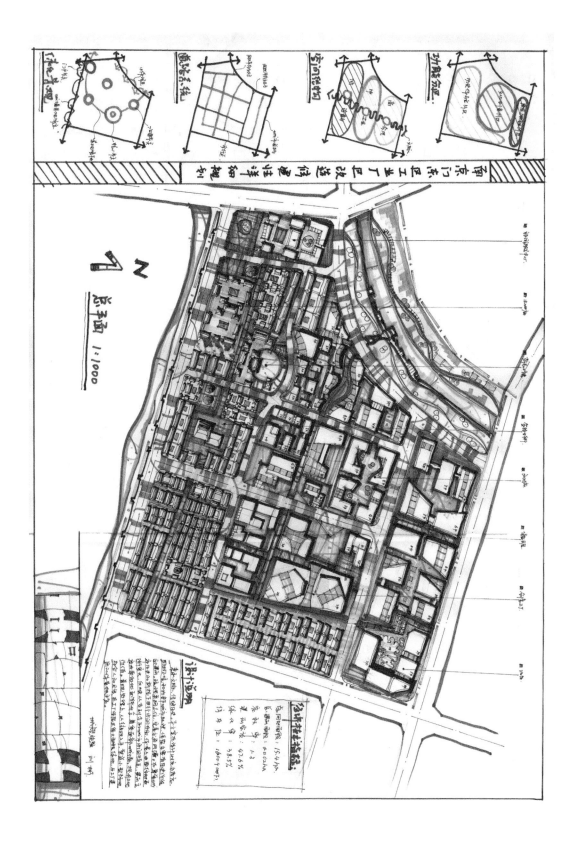

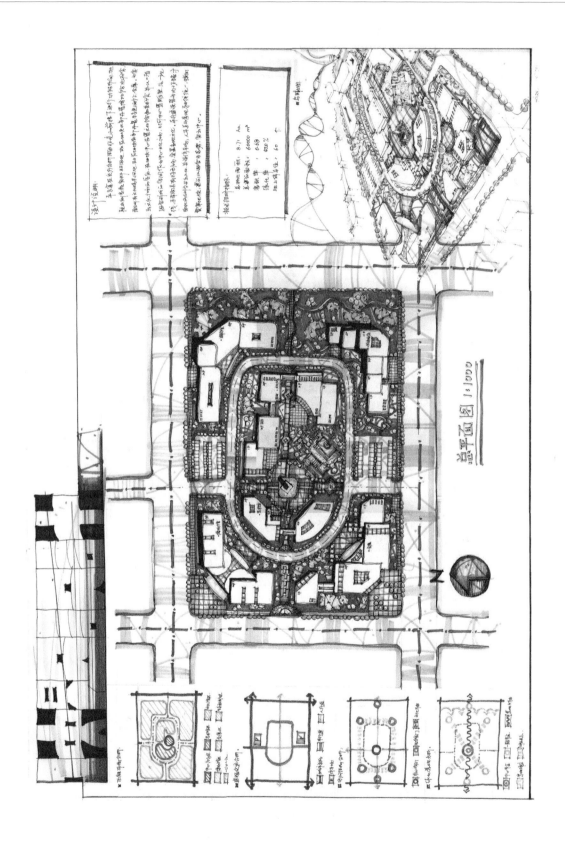